DK 669.018

FORSCHUNGSBERICHTE
DES LANDES NORDRHEIN-WESTFALEN

Herausgegeben durch das Kultusministerium

Nr. 799

Dipl.-Ing. Helmut Weiss

Im Auftrage der Forschungsgemeinschaft Pulver-Metallurgie, Schwelm i. W.

Aufkohlung und Härtung von Sintereisen-Werkstoffen

Als Manuskript gedruckt

WESTDEUTSCHER VERLAG / KÖLN UND OPLADEN

1960

ISBN 978-3-663-03526-8   ISBN 978-3-663-04715-5 (eBook)
DOI 10.1007/978-3-663-04715-5

Gliederung

Teil I

I. Einleitung und Überblick . . . . S. 5

II. Durchführung . . . . S. 5
   1. Salzbadhärtung . . . . S. 5
   2. Einsatzkohlung in festen Kohlungsmitteln
      (Pulveraufkohlung) . . . . S. 7
   3. Aufkohlung während des Sinterns mit
      anschließender Härtung . . . . S. 8
   4. Allgemeines über Gasaufkohlung und
      Karbonitrierung . . . . S. 12

III. Beschreibung der Betriebsanlage . . . . S. 16

IV. Aufgabenstellung weiterer Versuche . . . . S. 24

Teil II

V. Einleitung und Herstellungsbeschreibung der für
   die Versuche notwendigen Flachzerreißstäbe . . . . S. 27

VI. Gasaufkohlung von gesinterten Flachzerreißstäben . . . . S. 31
   1. Wasserhärtung . . . . S. 31
   2. Geänderte Betriebsbedingungen . . . . S. 45

VII. Dampfbehandlung von gesinterten Flachzerreißstäben . . . S. 53

VIII. Bestimmung der nach dem Härten eingetretenen
    Maßveränderungen bei vorangegangener Gasaufkohlung . . . S. 56

IX. Zusammenfassung . . . . S. 58

Literaturverzeichnis . . . . S. 60

Teil I

I. Einleitung und Überblick

Die Härtung von Sinterteilen ist mit einer Reihe von Schwierigkeiten verbunden. Der Einsatzhärtung von Sintereisen-Formteilen hoher und mittlerer Porosität steht die Aufkohlung in Salzbädern feindlich gegenüber, da nur durch umständliche Kunstgriffe ein Eindringen der Badsalze zu verhindern ist. Dem Einsetzen in feste Kohlungsmittel widersetzt sich der durch dieses Verfahren notwendige Arbeitsaufwand in der pulvermetallurgischen Massenfertigung. Ein weiterer Weg ist das Einbringen des Kohlenstoffes als Legierungselement in die Pulvermischung, um dann zusammen mit der Sinterung die Aufkohlung zu erreichen. Aber auch hier sind infolge der praktischen Arbeitsbedingungen Ungleichmäßigkeiten zu erwarten. Demgegenüber erscheint die Aufkohlung über die Gasphase in speziellen Gaskohlungsanlagen als sehr geeignet.

Außer einigen Aufsätzen in deutschen und amerikanischen Fachzeitschriften [1] bis [4] sind keine umfassenden Arbeiten über die Härtung von Sinterteilen bekannt geworden. Die Aufgabenstellung ergibt sich auf Grund dieses Standes wie folgt:

1. Wahl eines besonders geeigneten Härteverfahrens für Sinterformteile

2. Systematische Untersuchungen dieses Verfahrens

II. Durchführung

Zu 1. Vier Härteverfahren werden auf ihre Verwendbarkeit geprüft:

  a) Salzbadhärtung,

  b) Einsatzkohlung in festen Kohlungsmitteln (Pulveraufkohlung)

  c) Aufkohlung während des Sinterns mit anschließender Härtung

  d) Gasaufkohlung und Karbonitrierung.

1. Salzbadhärtung

Die Salzbadhärtung wäre für Sinterteile sehr zweckmäßig, da die hierfür notwendigen Härteeinrichtungen fast überall vorhanden sind und somit eigene Betriebsanlagen bei dem Übergang auf ein Sintermetallteil weiterhin genutzt würden. Man weiß aber von vornherein, daß der große Nachteil bei der Aufkohlung in flüssigen Kohlungsmitteln in dem Eindringen der Badsalze in die porösen Sinterteile zu suchen ist. Bei dem Abschrecken erhärten sich die Salze und die verästelte Struktur der Poren macht es praktisch unmöglich, die Salze aus denselben zu entfernen. Die Härtesalze haben weiterhin den Nachteil, stark hygroskopisch zu sein, so daß durch Lagerung an Luft eine als Ausblühung bezeichnete Ausschwitzung der Badsalze eintritt. Eine schnelle Korrosion ist die Folge davon. Sintermetallteile hoher und mittlerer Porosität müssen deshalb für eine Salzbadhärtung ausscheiden. Erst wenn die Dichte der Teile 7,0 bis 7,2 g/cm^3 beträgt oder noch besser überschreitet und damit keine zusammenhängende Porosität mehr vorhanden ist, kann ohne akute Gefahr von Ausblühungen bei sorgfältigem Nachspülen eine Salzbadhärtung durchgeführt werden. In den nachstehend beschriebenen drei Versuchen wurden die Teile nach der Härtung in heißem Wasser ausgekocht, um dann zusätzlich noch in Öl von 125° C das in den Poren verbleibende Wasser auszutreiben. Diese Art der Nachbehandlung bewirkt gleichzeitig, bedingt durch die Ölaufnahme, eine Verbesserung des Korrosionsverhaltens.

V e r s u c h e

1. Zahnräder aus Sintereisen mit 3 % Cu und einer Dichte von 6,0 bis 6,2 wurden 2 Stunden bei 930° C in C5 aufgekohlt und in Salzwasser abgeschreckt.
Nach einigen Tagen Lagerung unter normalen atmosphärischen Verhältnissen blühten die Teile sehr stark aus. Einer weiteren Verwendung konnten die Teile folglich nicht zugeführt werden.

2. Sintereisenformteile mit einer Dichte von 6,4 bis 6,6 g/cm^3 wurden 10 min lang bei 850° C in C2 erwärmt und in warmem Wasser ohne jeglichen Zusatz abgekühlt.
Die Härte lag zwischen HV_1 = 740 bis 820 kg/mm^2.

Durch die Verwendung von C2, das eine bessere Löslichkeit der Salze hat, wurden größere Ausblühungen vermieden. Immerhin besteht noch die Gefahr, besonders bei Teilen, die dicke Querschnitte haben.

3. Kleine Hebel aus kupferfreiem Sintereisen mit einer Dichte von 7,0 bis 7,2 g/cm^3 wurden 20 min lang bei 800° C in dem besonders gut wasserlöslichen C2-Bad aufgekohlt und dann in gewöhnlichem Wasser abgeschreckt. Ausblühungen konnten auch nach langem Lagern nicht festgestellt werden. Die Teile besaßen zwar eine schlecht erkennbare

Einsatztiefe von 0,15 mm, hatten jedoch eine Härte von

$$HV_{10} = 530 \text{ bis } 680 \text{ kg/mm}^2$$

oder

$$HV_1 = 680 \text{ bis } 712 \text{ kg/mm}^2$$

was umgerechnet einem Härtewert von HRC = 50 bis 60 entspricht. Die Oberfläche war jedoch völlig feilhart. Die festgestellten Härteschwankungen haben ihre Ursache in der zur Anwendung gekommenen herkömmlichen Meßmethode, auf welche in späteren Abhandlungen noch einzugehen ist. Maßänderungen bei der Salzbadhärtung waren nicht zu vermeiden, so daß ohne nachträgliche mechanische Bearbeitung nur Toleranzqualitäten IT 10 und IT 12 eingehalten werden können.

Zusammenfassung der bisher vorliegenden Versuchsergebnisse

Eine Salzbadhärtung von Sintereisenteilen ist durchaus möglich, wenn

a) die Wichte mindestens 7,0 g/cm³ überschreitet,

b) leicht wasserlösliche Salze verwendet werden,

c) Teile mit möglichst dünnen Querschnitten vorliegen,

d) eine genaue Kohlenstoffkonzentration und Einsatzschicht nicht notwendig ist und

e) höhere Toleranzen vorhanden sind, andernfalls mechanische Nachbearbeitung notwendig wird.

2. Einsatzkohlung in festen Kohlungsmitteln (Pulveraufkohlung)

Durch die Verwendung von festen Kohlungsmitteln wird man von dem Problem der Entfernung der in die Poren eingedrungenen Härtemittel entbunden. Auf diese Art können somit auch Sintereisenteile hoher Porosität aufgekohlt werden.

Versuch

Zahnräder aus Sintereisen mit 3 % Cu und einer Dichte von 6,0 bis 6,2 g/cm³ wurden

a) 12 Stunden lang bei 900° C in einem Kammerofen in Granulat 6 (Degussa - Durferrit) aufgekohlt und im Kasten an Luft langsam abgekühlt. Die Rockwell-Härte umgerechnet aus HV_1 betrug nach der Behandlung HRC = 20 bis 33. Auf diese Art kann nach dem Erkalten der Teile in der Packung nachträglich sehr gut eine partielle induktive Härtung vorgenommen werden.

b) Wie unter a), jedoch wurden die Teile sofort nach dem Aufkohlungsprozeß aus dem Kasten ausgepackt und in Wasser abgekühlt.

Die Rockwell-Härte umgerechnet aus HV_1 betrug nach der Behandlung HRC = 50 bis 62.

Zusammenfassung

Nicht nur der oben beschriebene Versuch brachte ein befriedigendes Ergebnis, sondern auch bei anderen Teilen wurde eine einwandfreie Härte erzielt. Nachteil des Verfahrens bleibt bei porösen Sintereisenteilen, daß über den ganzen Querschnitt aufgekohlt wird und es nur schwer möglich ist, die Einsatztiefe in kontrollierten Grenzen zu halten. Durch Kupferzusatz wird die Festigkeit der Sinterteile merklich erhöht. Inwieweit sich nun dieser Kupferzusatz auf den Aufkohlungsprozeß auswirkt, wird durch weitere Versuche festgestellt.

Beim Abkühlen in der Packung wird gerade bei sehr reinem Eisen durch Erniedrigung des Kohlenstoffpotentials eine Randentkohlung nur schwer zu vermeiden sein. Diese Oberflächenentkohlung tritt auch auf durch den Einfluß der Luft, wenn beispielsweise die Teile, die auf Härtetemperatur erhitzt sind, bis zum Abschreckbad gebracht werden.

Eine Pulveraufkohlung ist in der pulvermetallurgischen Massenfertigung folglich grundsätzlich durchführbar, jedoch recht umständlich und mit Mängeln behaftet. Wesentlich eleganter ist das nachstehend beschriebene Verfahren.

3. Aufkohlung während des Sinterns mit anschließender Härtung

Bei der Erzeugung von härtbarem Sintereisen wird der Eisenpulvermischung eine dosierte Menge Kohlenstoff in Form von fein verteiltem Graphit zugesetzt. Die Sinterung wird so geleitet, daß der Kohlenstoff in die Grundmasse eindiffundiert und ein lamellares Perlitgefüge erzeugt [5]. Die Höhe der Aufkohlung ist abhängig

1. von dem Anteil zugesetzten Kohlenstoffes und dessen Qualität,
2. von der Sintertemperatur,
3. von der Art der Schutzgasatmosphäre,
4. von der Sinterzeit,
5. von der Art der Verpackung der Sinterteile im Ofen,
6. von der Pulvermischung und deren Legierungsbestandteile.

Diese Einflüsse wirken sich letztlich auf den im Teil nach der Sinterung vorhandenen gebundenen Kohlenstoffgehalt aus. Es ist bekannt, daß selbst mit komplizierten Kontrollsystemen nur schwer die genaue Einhaltung eines bestimmten Kohlenstoffgehaltes zu erreichen ist. Schon geringe Variationen der Sintertemperatur, der Sinterzeit, der Schutzgasatmosphäre ergeben Schwankungen im endgültig gebundenen Kohlenstoffgehalt. Trotz der bleibenden Mängel dieses Verfahrens wird es in der pulvermetallurgischen Fertigung gerne angewandt. Hierzu verleitet einmal der Kohlenstoff selbst, der als festigkeitserhöhendes Legierungselement besonders angebracht ist und zum anderen, weil die <u>Sinterung</u> mit dem Aufkohlungsprozeß verbunden werden kann.

Versuch 1

Es wurden Hebel aus Sintereisen mit 3 % Cu sowie 1,0 % zugesetztem feinstem Graphit mit einer Wichte von 6,6 bis 6,8 g/cm^3 gepreßt und 2 1/2 Stunden bei 1180° C unter exotherm verbranntem Stadtgas in geschlossenem Kasten gesintert. Nach dem Sintern wurde festgestellt:

Brinellhärte 5/125/30 = 115 bis 125 kg/mm^2

<u>Analyse:</u> Kohlenstoff gesamt   0,7 %
           Kohlenstoff gebunden   0,7 %
           Kupfer   2,96%

Mikrogefüge ungeätzt: Meist sehr feinporig, nur wenige grobe Poren.

Mikrogefüge geätzt: Die Grundmasse besteht aus lamellarem Perlit mit fleckenförmigem Ferrit, meist mit Netzstruktur. Einzelne Perlitpakete sind mit einem schwachen Zementitnetz umgeben.
Kupfer ist nur in Spuren sichtbar.

Die nunmehr mit einem gebundenen Kohlenstoffgehalt von 0,7 % ausgerüsteten Hebel wurden partiell induktiv mittels Hochfrequenz gehärtet. Am induktivgehärteten Teil des Hebels wurde festgestellt:

1. Vickershärte HV 1
   772, 839, 805, 742, 742, 805, 772,

2. Einhärtetiefe max. 2,8 mm,

3. fast strukturloser bis feinstrahliger Martensit, am Übergang zur ungehärteten Zone Inseln von Sorbit.

Versuch 2

Dieses an sich gute Ergebnis gab den Anlaß zu einem weiteren Versuch, welcher insbesondere die Härtbarkeit auf induktivem Wege in Abhängigkeit vom zugesetzten Kohlenstoff aufzeigen sollte.

Probekörper der Abmessung 15 mm ⌀ x 20 mm lang mit einer Dichte von 6,6 g/cm³ wurden aus Eisenpulver (RS 300) + 3 % Kupferpulver und verschiedenen prozentualen Zusätzen an Kohlenstoff gepreßt. Gesintert wurde bei 1180° C in geschlossenem Sinterkasten unter exotherm verbranntem Stadtgas.

Nach der Sinterung wurden der gebundene und ungebundene Kohlenstoffgehalt bestimmt. Der Anteil an ungebundenem Kohlenstoff war nach der Sinterung vernachlässigbar klein. Hieraus ergibt sich unter den gegebenen Betriebsbedingungen einmal der Kohlenstoffabbrand sowie die Härtbarkeit in Abhängigkeit von dem gebundenen Kohlenstoff. Gehärtet wurde nach dem an sich bekannten HF-Verfahren. Die Versuchsergebnisse sind in einem Diagramm (Abb. 1) erfaßt.

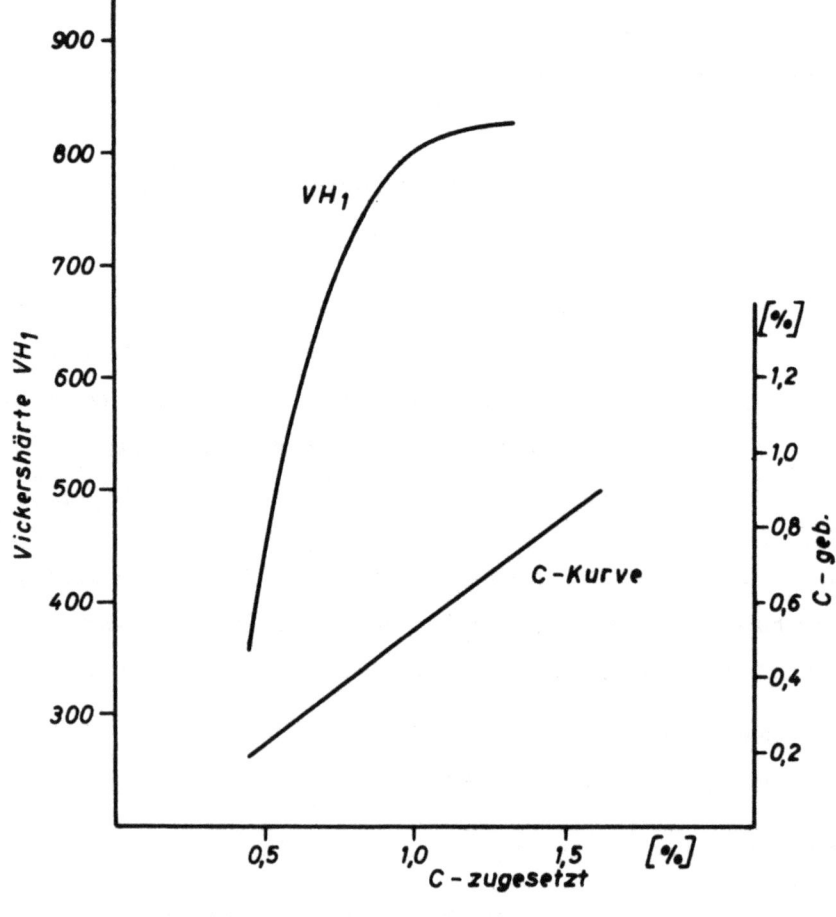

A b b i l d u n g   1

Sinterstahl, induktiv gehärtet

Ergebnis

Wie zu erwarten war, bringt dieses Verfahren, welches zudem noch recht wirtschaftlich ist, für den vorgesehenen Zweck durchaus gute Werte. Unter den gegebenen Betriebsbedingungen muß aber mit einem Kohlenstoffabbrand von 30 bis 50 % gerechnet werden. Normale Reduktions- oder Verdüsungspulver auf Eisenbasis haben durchschnittlich 0,6 bis 0,8 % O_2, so daß allein von dieser Seite aus mit einem absoluten Abbrand an Kohlenstoff von 0,2 % zu rechnen ist. Wie anfangs erwähnt, sind hierfür die verschiedensten Einflüsse von ausschlaggebender Bedeutung, so daß diesem Verfahren ebenfalls der Nachteil anhaftet, auf eine genaue Kohlenstoffkonzentration über die gesamte Produktionsmenge verzichten zu müssen. Bezüglich des freien Kohlenstoffes ist zu sagen, daß er sowohl Vorteile als auch Nachteile bringen kann. Wenn Schmierfähigkeit verlangt wird, so ist die Anwesenheit von freiem Kohlenstoff oder Graphit eine erwünschte Eigenschaft. Ist aber die Festigkeit von Interesse, so gibt man zu deren Erhöhung gerne Kohlenstoff als leicht legierendes Element der Ausgangspulvermischung zu. Das Vorhandensein von freiem Kohlenstoff ist in diesem Fall von Nachteil, weil es zu Fehlstellen im Gefüge führt und somit zu einer Verringerung der Festigkeit beiträgt. Wenn keine hohe Porosität verlangt wird, ist das Entstehen von zusätzlichen Poren, durch das Ausbrennen des Kohlenstoffes hervorgerufen, ein weiterer Nachteil.

Sinterteile, die mit Kupfer infiltriert werden müssen, damit die Festigkeit erhöht wird, bedürfen, falls die Aufkohlung solchermaßen durchgeführt wird, einer gesonderten Betrachtung. An sich wird durch eine Legierung des Kupfers mit Eisen eine Festigkeitserhöhung erreicht. Nun ist es aber bekannt, daß die Löslichkeit von Kupfer in Eisen um so schlechter wird, je höher der Kohlenstoffgehalt des Eisens ist. Das Kupfer kann also bei Sinterstahl mit einem hohen Kohlenstoffgehalt lediglich als Füllstoff in den Poren vorhanden sein. Eine Festigkeitserhöhung wird zwar auf Grund einer gewissen Abstützwirkung des festen Eisenskelettes am Kupfer auftreten. Sie wird jedoch nicht die Höhe erreichen, wie dies bei einer Legierungsbildung der Fall wäre.

Versuch 3

Sintereisen mit 0,42 % gebundenem Kohlenstoff wurde mit Kupfer infiltriert. Der Anteil an Cu betrug 17 Gew.%. Die Dichte im infiltrierten Zustand lag bei 7,48 g/cm^3; der Härtegrad HB 1,25/15,6 = 169 bis 204 kg/mm^2.

Prüfung nach der Wärmebehandlung

Die zu prüfenden Stellen wurden mittels HF auf 860° C erwärmt und in Wasser abgeschreckt. Es wurde durchweg ein Härtegrad von $HV_{0,5}$ = 600 bis 630 gemessen.

Sintereisen mit einem gebundenen Kohlenstoffgehalt in kupferfiltrierter Ausführung kann induktiv gehärtet werden. Der Kupfertränkung ist in diesem Versuch die Bildung des härtbaren Gefüges vorausgegangen.

4. Allgemeines über Gasaufkohlung und Karbonitrierung [6], [7]

Das Verfahren der Gasaufkohlung ist mit dem der Karbonitrierung eng verwandt. Jede Aufkohlung mit dem Ziel der Einsatzhärtung ist im Grunde eine Aufkohlung in einem Gas, einerlei, ob es sich um feste oder flüssige Aufkohlungsmittel handelt. Zumindest in einer Grenzschicht erfolgt der Transport des Kohlenstoffes vom Kohlungsmittel zum Stahl hin über die Gasphase. Bei festen und flüssigen Kohlungsmitteln ist es jedoch kaum möglich, auf genau vorgeschriebene Kohlungslinien zu kommen.

Die reine Gasaufkohlung hat nun den Vorteil, die Gaszusammensetzung zu ändern bzw. die Kohlungswirkung durch Zusätze an Kohlenwasserstoffen derart zu beeinflussen, daß die Gesetze der chemischen Gleichgewichte auf den Aufkohlungsprozeß anwendbar werden. Die Kohlungsgase selbst werden in Generatoren hergestellt. Bei großen Aufkohlungsgasmengen wird vorteilhaft von einem Stadtgas-Luft-Gemisch ausgegangen. Für kleinere Gasmengen arbeiten Anlagen auf der Basis eines Propan/Luft-Gemisches wirtschaftlicher.

Das erzeugte Kohlungsgas besteht in den meisten Fällen aus einem Gemisch der Gase: Wasserstoff, Kohlenmonooxyd und Stickstoff mit Spuren von Wasserdampf, Kohlendioxyd und Methan. Die Anteile H_2, CO_2 und CH_4 bestimmen den Kohlenstoffpegel. Bedingung für jede Aufkohlung im Gasstrom ist somit die genaue Einhaltung bestimmter Gaszusammensetzungen.

Vorteile des Verfahrens sind:

1. Variationsmöglichkeit der Aufkohlungstemperatur.

2. Die Kohlungsgasmenge kann der aufzukohlenden Oberfläche der Ofencharge angepaßt werden.

    Hierbei ist bei Sinterteilen zu berücksichtigen, daß die wirksame Oberfläche infolge der Porosität größer als bei regulinischem Material ist.

3. Durch Wahl der Gaszusammensetzung kann auf gewünschte Kohlenstoffgehalte aufgekohlt werden.

4. Dem Kohlungsgas können vor dem Eintritt in den Ofen zur Beschleunigung der Aufkohlung Kohlenwasserstoffe, z.B. Methan oder Propan, zugesetzt werden. Durch diesen Zusatz kann man das Kohlenstoffangebot an den Stahl bis an die Grenze der Rußabscheidung treiben.

5. Weitere Gase, z.B. Ammoniak (NH_3) können zugesetzt werden, um dadurch eine Legierung der Randschicht mit Stickstoff zu erreichen.

6. Bei der Erzeugung dünner Einsatzschichten, vor allem auch bei Massenteilen, liegt der Vorteil der Gasaufkohlung darin, daß durch Erniedrigung der Temperatur der Aufkohlungsprozeß zu verlangsamen ist. Dadurch wird ein hoher Randkohlenstoffgehalt erreicht, um beim Abhärten garantiert Martensithärte zu erreichen.

7. Bei tieferen Temperaturen sind, ohne daß Rußabscheidung eintritt, höhere Kohlenwasserstoffzusätze möglich.

An Hand der Abbildung 2 sei zum besseren Verständnis der Aufkohlungsvorgang durch Kohlenmonooxyd bei $825°$ C und $900°$ C im System Fe-O-C für

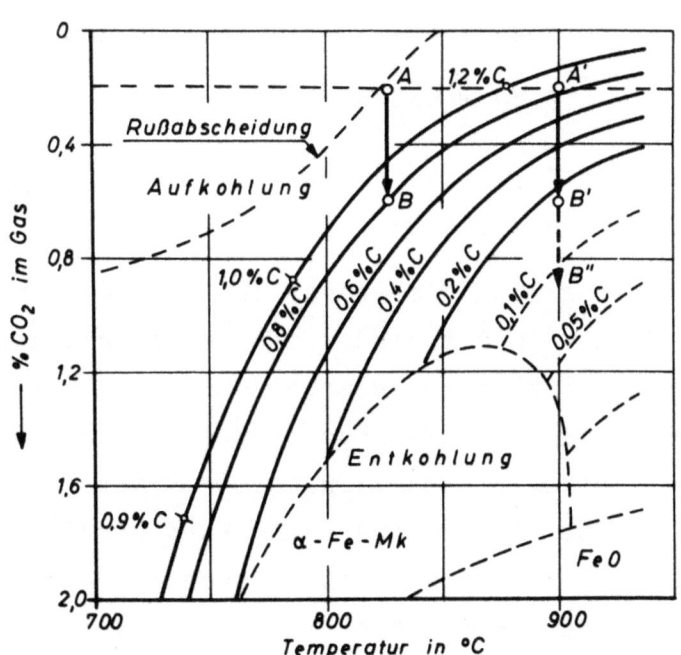

Abbildung 2

Aufkohlung im CO/CO_2-Gemisch mit $CO + CO_2 = 20\%$ und $900°$ C
(Nach P. RIEBENSAHM: Härterei-Technische
Mitteilungen, Bd. 9, Heft 1, Gasaufkohlung II)

ein in der Praxis gebräuchliches Kohlungsgas mit einem Gehalt von 20 % ($CO + CO_2$) dargestellt. Das Kohlungsgas habe beim Eintritt in die Charge einen CO_2-Gehalt von 0,2 % entsprechend der waagerechten gestrichelten Geraden AA'. Betrachten wir nun den Aufkohlungsvorgang bei 825° C und bei 900° C bei einem einmaligen Durchgang des Kohlungsgases durch die Charge.

Durch Abgabe einer bestimmten Kohlenstoffmenge an die Charge, die bei 825° und 900° C der Einfachheit halber als gleich angenommen wird, erhöht sich der CO_2-Gehalt des Kohlungsgases von 0,2 auf 0,6 %. Dies bedeutet bei 825° C eine Erniedrigung des Kohlenstoffpegels auf etwa 0,8 % (B), jedoch bei 900° C eine Absenkung des C-Pegels bis unter 0,2 % (B'). Bedenkt man noch, daß bei der höheren Temperatur die Kohlenstoffaufnahme von Stahl größer ist als bei tiefer Temperatur, d.h. der CO_2-Gehalt des Gases wesentlich mehr erhöht wird (B''), so leuchtet ein, daß bei der tieferen Temperatur die Aufkohlung über die Charge gleichmäßiger erfolgen muß.

Neben der Erzeugung von Aufkohlungsgas durch Generatoren besteht bei der Gasaufkohlung auch die Möglichkeit, kohlenwasserstoffhaltige Ofenatmosphäre für die Aufkohlung zu verwenden. Auch dieser Aufkohlungsprozeß wird durch die chemischen Gleichgewichte beherrscht. Die Aufkohlung durch Methan beispielsweise verläuft nach dem Reaktionsschema

$$3\ Fe + CH_4 = Fe_3C + 2H_2$$

Anschaulich wird dieses Gleichgewichtsverhältnis durch das System Fe-H-C, in Abbildung 3 dargestellt.

Die gestrichelte Linie grenzt das Gebiet der beginnenden Rußabscheidung ab. Es ist ersichtlich, daß bei niedrigeren Kohlungstemperaturen mit höheren Kohlenwasserstoffzusätzen gearbeitet werden kann, ohne Gefahr zu laufen, auf der Charge eine Rußabscheidung zu bekommen. Da es erwiesen ist, daß Ruß keinerlei Reaktionsvermögen mehr aufweist und keinesfalls in die Stahloberfläche eindringen kann, muß bei der Gasaufkohlung unbedingt auf eine rußfreie Kohlung geachtet werden. Nur im status nascendi wird der freiwerdende Kohlenstoff vom Stahl aufgenommen. Daraus geht hervor, daß das Aufnahmevermögen der Stahloberfläche an freiem Kohlenstoff im Gleichgewicht stehen muß zu der Menge an freiwerdendem Kohlenstoff in der Gasphase. Ein Vergleich des Aufkohlungsvorganges bei 825° C entsprechend der Linie AB mit der Aufkohlung bei 900° C (A'B') zeigt, daß auch hier nach Abgabe einer bestimmten Kohlenstoffmenge an die Charge der Kohlenstoffpegel des Kohlungsgases bei höherer Temperatur wesentlich schneller absinkt. Dieser Effekt wird verstärkt durch die Tatsache, daß bei höherer Temperatur die Kohlenstoffaufnahme an der Stahloberfläche schneller verläuft und demzufolge der Methangehalt stärker absinkt.

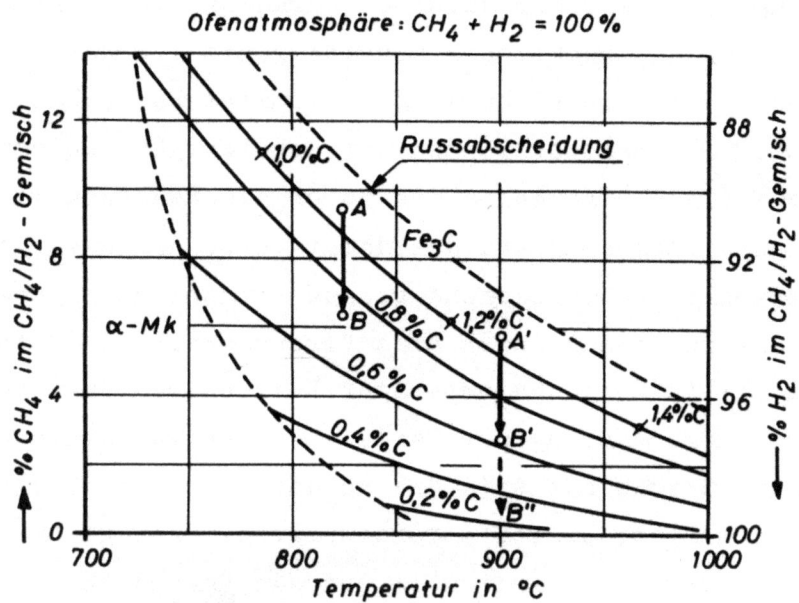

A b b i l d u n g 3

Aufkohlung im CH_4/H_2-Gemisch mit $CH_4 + H_2$ = 100 % bei 825 und 900° C
(Nach P. RIEBENSAHM: Härterei-Technische
Mitteilungen, Bd. 9, Heft 1, Gasaufkohlung II)

Sintermetallfertigungen sind in ihrer Art Klein- und Mittelbetriebe, und die Aufstellung von großen Gaskohlungsanlagen mit teuren Generatoren zur Erzeugung von Trägergas würde nicht lohnen, da meistens nur ein kleiner Teil der Produktion nachträgliche Aufkohlung und Härtung erfährt. Ein besonders vorteilhaftes und wirtschaftliches Verfahren wurde in der Propan-NH_3-Luftbegasung gesehen, welches als Karbonitrierverfahren eine Variante der Gasaufkohlung darstellt. Man versteht darunter einen Prozeß, bei dem das Einsatzgut aus der Ofenatmosphäre in der Randschicht gleichzeitig Kohlenstoff und Stickstoff aufnimmt. Durch Mischung von Propan-NH_3 und getrockneter Luft kann ein sehr wirksames Kohlungsgas erzeugt werden. Propangas und NH_3 sind leicht in Flaschen erhältlich und erfordern keinen wesentlichen Platzbedarf. Propan als reiner Kohlenwasserstoff ist in seiner Aufkohlung außerordentlich aktiv, wie aus dem Reaktionsschema $C_3H_8 = 2CH_4 + C$ leicht ersichtlich ist. Demnach wirkt ein Molekül Propan mindestens so stark aufkohlend wie 3 Moleküle Methan. Mit NH_3, dessen N_2, soweit dieser nicht als Nitriermittel gebraucht wird und dessen H_2, wird eine starke Verdünnung des Propangases erreicht und zudem noch die Reaktionsgeschwindigkeit des Stahles beschleunigt. Zur weiteren Verdünnung verwendet man getrocknete Luft.

Bei Sinterteilen wird infolge der Porosität das Kohlungsgas sehr viel schneller eindringen können, als dies bei normalen Einsatzstählen der Fall ist. So wird, da die Reaktionsgeschwindigkeit kleiner ist als die Eindringgeschwindigkeit, die Einhaltung bestimmter Randkohlenstoffgehalte und definierter Einsatzschichten auf Schwierigkeiten stoßen. Aber gerade das Karbonitrierverfahren sollte durch die Möglichkeit der Erniedrigung der Kohlungstemperatur und des damit verbundenen verlangsamten Aufkohlungsprozesses eine hinreichend genaue Aufkohlung ergeben. Die entsprechende Gasmischung muß durch eine Versuchsreihe ermittelt werden. Die Erniedrigung der Aufkohlungstemperatur hat den weiteren Vorteil, daß mit einem geringeren Verzug der Teile gerechnet werden kann. Durch die Anwesenheit von Stickstoff wird die Randschicht einige Zehntel Prozent Stickstoff aufnehmen. Dieser Stickstoffgehalt genügt bereits, um die kritische Abkühlungsgeschwindigkeit und die Umwandlungstemperatur des Austenits merklich herabzusetzen. Die Streuung der Härtewerte über die Charge wird damit eingeengt und der Verwendung von Öl als Abschreckmittel, was besonders bei Sinterteilen wegen der erhöhten Rostgefahr von Vorteil ist, nichts entgegenstehen.

III. Beschreibung der Betriebsanlage

In einem AICHELIN-Tonnenretortenofen Type "TRE" Größe 2 der Firma AICHELIN Industrie-Ofenbau, Korntal bei Stuttgart, wurden erste Aufkohlungsversuche mit Sintereisenteilen gefahren. Abbildung 4 zeigt den schematischen Längsschnitt durch einen Tonnenretortenofen [8], [9]. Die Retorte ist aus Chromnickelstahlblech hergestellt und gasdicht geschweißt. Der Antrieb der Retorte erfolgt durch einen untergebauten Elektro-Getriebemotor, wobei verschiedene Umdrehungszahlen entsprechend der Struktur der Werkstücke und zum Entleeren ein Schnellgang einstellbar sind.

Eine selbsttätige automatische Temperaturregelung des elektrisch beheizten Heizraumes und der Retorte ermöglicht ein einwandfreies Arbeiten. Sämtliche Regel- und Kontrollapparate sind in den Vorderseiten in Schutzkästen angeordnet. Unter Flur sind die Härtebehälter für Wasser oder Öl.

Die wenigen Handgriffe, die die Beschickung und Entleerung der Retorte erfordern, werden aus den Abbildungen 5 und 6 ersichtlich.

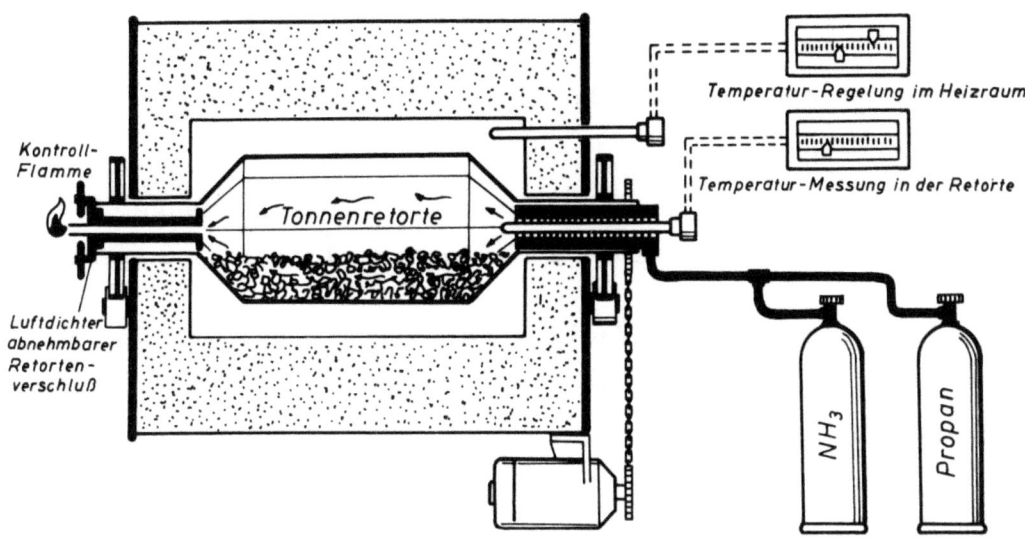

A b b i l d u n g 4

Schematischer Längsschnitt

A b b i l d u n g e n 5 und 6

Beschickung   Entleerung

Diese Ofentype arbeitet mit einer nicht zwangsweisen Luftumwälzung. Der Gasstrom streicht über das Härtegut und wird an der Ausgangsseite der Retorte als Kontrollflamme gefackelt. Das automatische Drehen der Retorte hält das Härtegut in Bewegung und ermöglicht so dem Aufkohlungsgas, immer neue Stellen des Einsatzes zu berühren.

Zu I.2 Systematische Untersuchungen

Um für erste Aufkohlungsversuche die günstigste Gaszusammensetzung zu finden, wurden Sintereisen-Formteile der normalen Fertigung, die als Schrott anfielen, dem Aufkohlungsprozeß zugeführt.

Die Richtwerte für die Gasmischung werden angegeben:

    Propan   50 bis 300 l
    NH_3 ca. 1/5 bis 1/4 der eingestellten Propangasmenge
    Luft   ca. das 2- bis 6-fache der eingestellten Propangasmenge

Diese Werte stehen selbstverständlich in Abhängigkeit von der Materialoberfläche, der Stahlwerte und der Temperatur. Die erforderliche Luftmenge, deren N_2 verdünnend wirkt, richtet sich nach der verlangten Einsatztiefe. Der Sauerstoffanteil verbindet sich mit einem Teil des Propangases zu CO und beschleunigt auch von dieser Seite aus die Reaktion mit dem Einsatzmaterial. Große Einsatztiefen verlangen mehr Luft als kleine.

1. Einsatz   10 kg ölfreie Stoßdämpferkolben
   Einsatztemperatur   840° C
   Einsatzzeit   1 h
   Gasmischung: Propan   100 l
                                NH_3 20 l
                                Luft   0 bis 10 min   0 l
                                "   10 bis 30 min 300 l
                                "   30 bis 60 min 500 l

Die Teile waren nach dem Abschrecken in Öl (Fenso 39, Esso-Sonderöl für Schnellhärtung, Viskosität 1,9° E) noch nicht hart. Ziel weiterer Versuche war es, eine günstige Aufkohlung und Härtung durch Variation der Gaszusammensetzung, der Einsatztemperatur und der Einsatzzeit zu finden. Ein gutes Ergebnis wurde mit den nachstehenden Betriebsbedingungen erreicht:

2. Einsatz   10 kg ölfreie Stoßdämpferkolben und Sintereisen-
                                                                       Zahnräder
   Einsatztemperatur   840° C
   Einsatzzeit   2 h

Gasmischung: Propan   150 l
               NH$_3$ 50 l
               Luft 0 bis 20 min   0 l
               "   20 bis 120 "   300 l

Anschließend wurden die Teile in Öl der Qualität Fenso 39 gehärtet.

Wie aus den nachstehenden Schliffbildern zu ersehen ist, wurde eine gute Härtung erreicht, wenngleich auch eine geringfügige Rußbildung auf den Teilen noch nicht vollständig zu vermeiden war.

Die Abbildungen 7 bis 9 zeigen die Schliffe durch einen Stoßdämpferkolben aus Sintereisen mit einer Dichte von 6,4 g/cm^3.

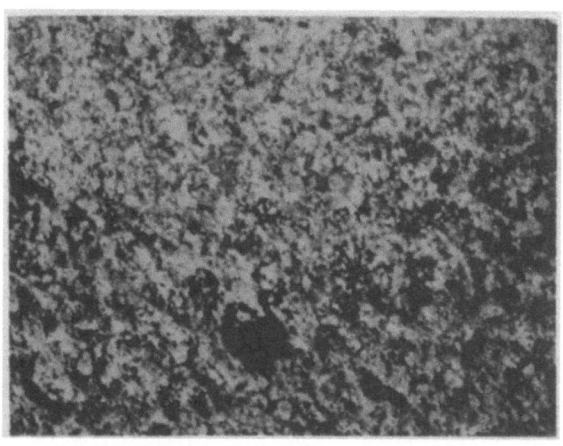

x 50

Abbildung 7

Noch stark poröses Sintergefüge

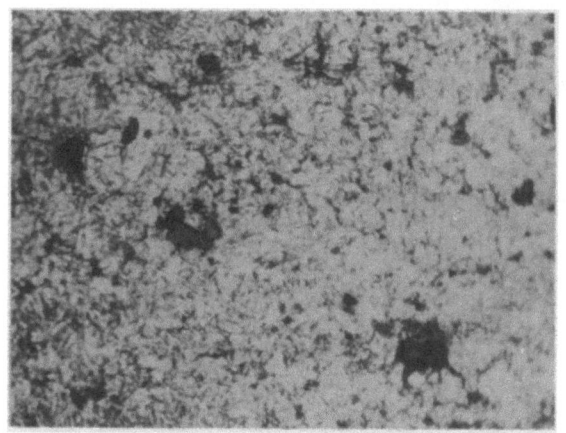

x 200

Abbildung 8

Ausschnitt in starker Vergrößerung
nadelige Grundmasse: Martensit
helle Stellen: noch nicht aufgelöster Ferrit; dunkle Stellen: Poren

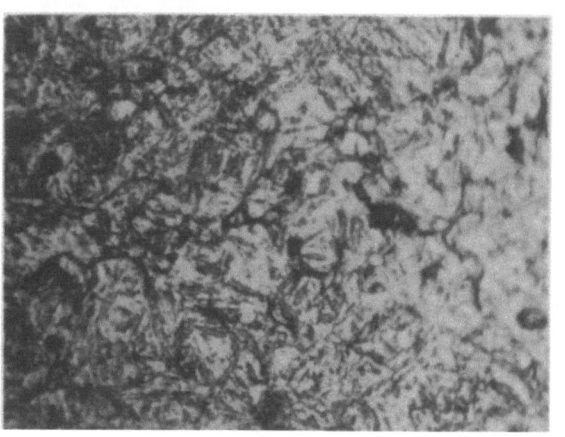

x 500

Abbildung 9

Ausschnitt in stärkerer Vergrößerung
nadelige Grundmasse: Martensit
helle Stellen: noch nicht aufgelöster Ferrit

Die nachfolgenden Schliffbilder Abbildung 10 bis 12 sind aus einem Sintereisenzahnrad mit einer Dichte von 6,9 bis 7,0 g/cm^3 hergestellt.

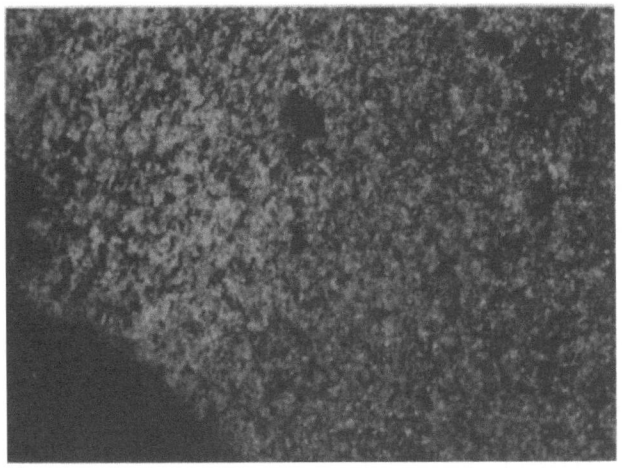

Abbildung 10   x 50

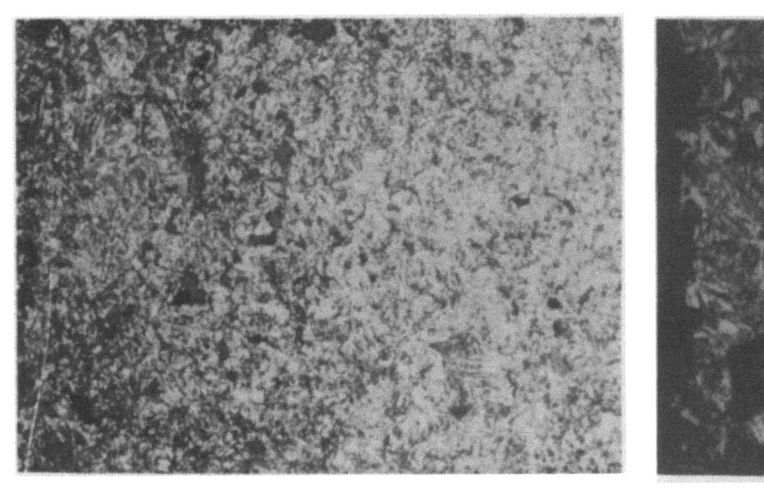

Abbildung 11   x 200   Abbildung 12   x 500

Das Gefüge Abbildung 10 ist hierbei dichter als das Gefüge in Abbildung 8. Einzelne feine und gröbere Poren sind als dunkle Stellen zu erkennen. Das Härtegefüge (Abb. 11 und 12) ist gut ausgebildeter Martensit mit aus noch nicht aufgelöstem Ferrit bestehenden hellen Stellen.

Mit der Betriebsbedingung des Versuches 2, die an sich gute Resultate brachte, wurden nun Untersuchungen angestellt, wie sich insbesondere die erreichbare Härte in Abhängigkeit von der Dichte verhält. Gleichlaufend mit diesem Versuch wurde auch der Einfluß von Legierungszusätzen wie Kupfer und Graphit untersucht. Fünf verschiedene Pulvermischungen aus handelsüblichen Metallpulvern wurden bereitgestellt und aus diesen Preßlinge der Abmessung 15 ∅ x 10 mm mit verschiedenen Dichten hergestellt.

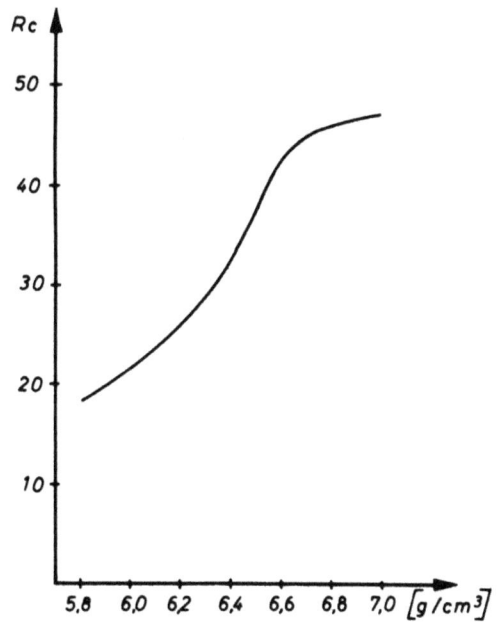

Abbildung 13
Pulver: 50 % RS 300; 50 % RZ 400

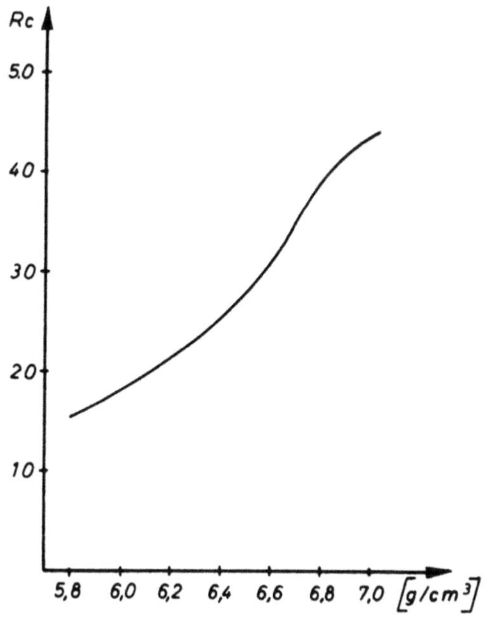

Abbildung 14
Pulver: 97 % Fe (50/50 RS/RZ) 3% Cu

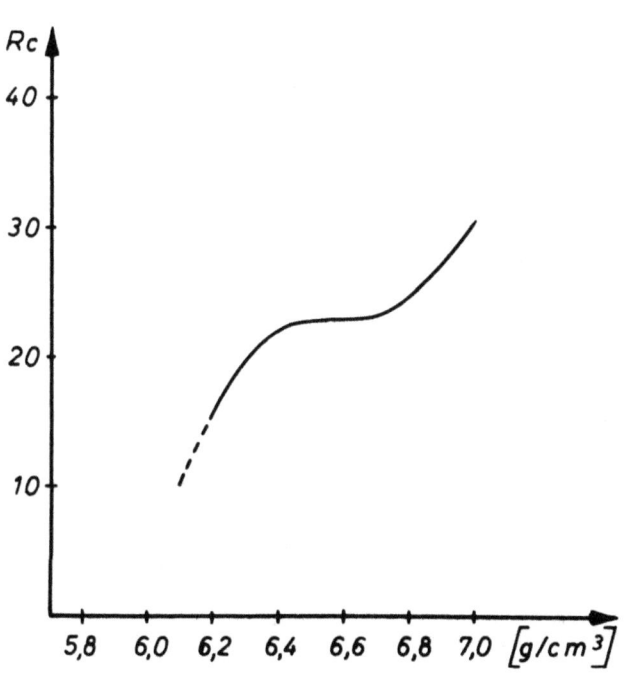

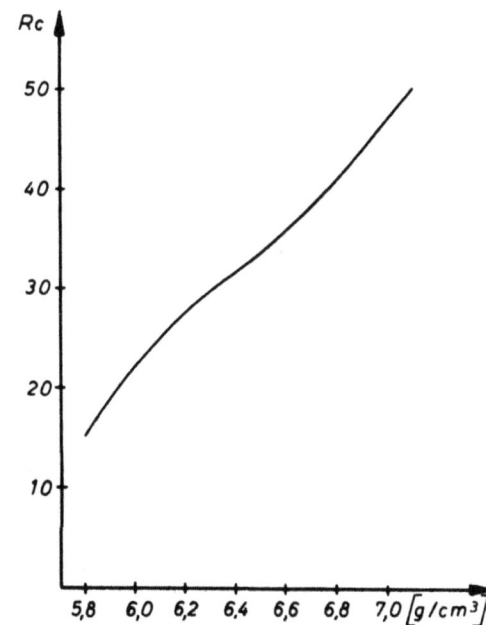

Abbildung 15
Pulver: 90 % Fe (50/50 RS/RZ) 10 % Cu

Abbildung 16
Pulver: 100 % Fe (MH 100)

Die Sinterung bei 1120° C in exotherm verbranntem Stadtgas brachte keine Aufkohlung durch die Ofenatmosphäre. Analog zum Versuch 2 erfolgte die Aufkohlung und Härtung dieser Teile. Die erreichte Endhärte wurde mittels der Rockwell C-Prüfung bestimmt und in Abhängigkeit von der Dichte in den Abbildungen 13 bis 18 aufgetragen.

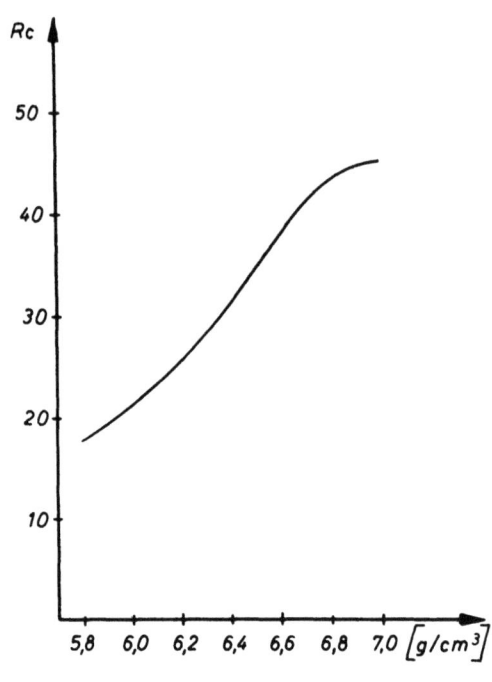

A b b i l d u n g 17
Pulver: 99,5 % Fe (50/50 RS/RZ) 0,5 % C

Diskussion der Versuchsdiagramme (Abb. 13 bis 17)

Jeder Kurvenpunkt ist der Mittelwert aus fünf Härtemessungen. Es ist klar ersichtlich, daß mit zunehmender Dichte die erreichbare Härte zunimmt. Der Zusatz von 3 % Kupfer (Abb. 14) erniedrigt die Härte und bei 10 % Kupferzusatz (Abb. 15) wird diese sogar recht erheblich reduziert. Der Zusatz von 0,5 % Graphit, von welchem nach der Sinterung noch 0,25 % in Form von gebundenem Kohlenstoff vorhanden waren, brachte keinen wesentlichen Beitrag zur Erhöhung der Härte.

Die erstellten Kurven der Einzeluntersuchungen wurden in Abbildung 18 (S. 23) zusammengefaßt. Wenngleich auch ein geschwungener Verlauf festzustellen ist, so ist doch ein linearer Anstieg zu vermuten, wenn die Anzahl der Härtemessungen für jede Dichte vergrößert würde, um damit eine exaktere Mittelwertsbestimmung zu erhalten. Wie schon vorher erwähnt, ist es auch hier wieder vollkommen eindeutig, daß die Rockwell C-Härtemessung nicht für Härtebestimmungen an Sinterteilen hoher und mittlerer Porosität geeignet ist. Infolge der Einbeziehung der benachbarten Poren in die Meßstelle wird dem Prüfkörper ein leichtes Eindringen, bei selbst hoher Oberflächenhärte des Einzelkornes, erlaubt, so daß das Meßergebnis nur als Scheinhärte gewertet werden kann. Um diesem Verhalten der Sinterteile entgegenzuwirken, sollte die Härte mittels Mikro- oder Vickershärtemessungen vorgenommen werden. Es wird Aufgabe weiterer Versuche sein, ein geeignetes Verfahren vorzuschlagen. Oft ist es jedoch so, daß der Bezieher von Sinterteilen gerade die RC-Messung bevorzugt, da diese erstens bisher angewandt wurde und zum Vergleich dienen soll und zweitens weit verbreitet ist.

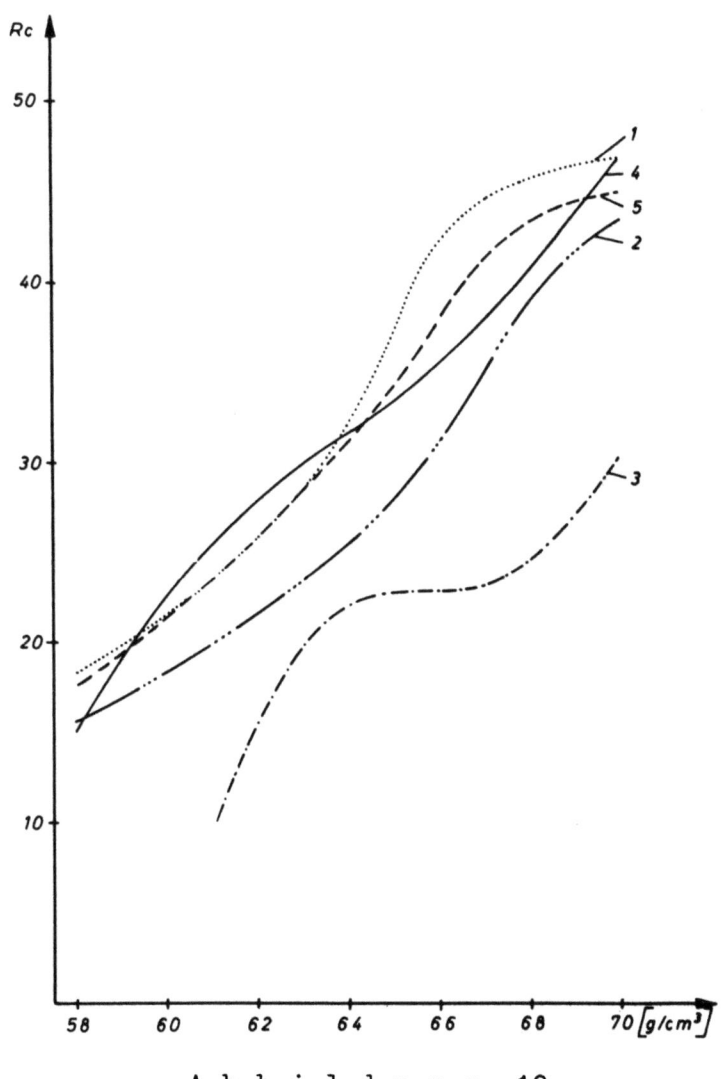

A b b i l d u n g 18
1: 100 % Fe (50/50 RS 300/RZ 400)
2: 97 % Fe (50/50 RS/RZ) 3 % Cu
3: 90 % Fe (50/50 RS/RZ) 10 % Cu
4: 100 % Fe (MH 100)
5: 99,5 % Fe (50/50 RS/RZ) 0,5 % C

Wie aus den Kurven hervorgeht, ist erst ab einer Dichte von 6,8 bis
7,0 g/cm^3 mit einer hohen RC-Härte zu rechnen, wenngleich auch die
Oberfläche des Einzelkornes feilhart ist. Die Kurven 1, 4 und 5 zeigen
einen fast linearen Anstieg der Härte mit der Dichte. Einen Abfall
der Härtewerte zeigt sowohl Kurve 2 mit 3 % Kupfer als auch Kurve 3
mit 10 % Kupfer als Legierungselement. Eine besondere Feststellung bei
der HRC-Messung war, daß bei einer Dichte von 7,0 g/cm^3 stellenweise
Härtewerte festgestellt wurden, die kleiner als 15 waren. In weiteren
Versuchen wird diese Feststellung eingehend zu untersuchen sein.

IV. Aufgabenstellung weiterer Versuche

Der Teil I zeigt schon, daß durchaus für viele Anwendungsfälle Sinterteile aus Eisen einem Härteverfahren zur Verbesserung der physikalischen und technologischen Eigenschaften unterzogen werden können. Es müssen jedoch, da der Teil I lediglich Orientierungsversuche enthält, weitere Versuchsmessungen durchgeführt werden:

a) Variation der Betriebsbedingungen
   (Einsatzzeit, Einsatztemperatur),

b) Untersuchungen über den Einfluß der
   Metallegierungen,

c) Einhaltung bestimmter Einsatzschichten
   und deren Festlegung,

d) Wahl eines Härtemeßverfahrens zur Bestimmung
   der Oberflächenhärte, was ohne zu große Abweichungen an die Meßergebnisse regulinischer
   Werkstoffe anschließen kann,

e) Bestimmung der Maßveränderungen,

f) Untersuchungen an Flachzerreißstäben (MPA-Norm),
   um die Veränderung der physikalisch-technologischen
   Werte zu bestimmen.

Teil II

V. Einleitung und Herstellungsbeschreibung der für die Versuche notwendigen Flachzerreißstäbe

Im Teil I wurde die Aufgabenstellung weiterer Versuche unter Abschnitt IV bereits gegliedert und festgelegt.

Zur Klärung der noch bestehenden Fragen und zur Ergänzung der vorhandenen Versuchsergebnisse wurde es für richtig befunden, weitere Messungen an gesinterten Flachzerreißstäben durchzuführen. Mehrere Hundert dieser Zerreißstäbe nach Norm der MPA (Metall-Powder-Association), Abbildung 19, wurden in verschiedenen Legierungen und Dichten gepreßt und gesintert.

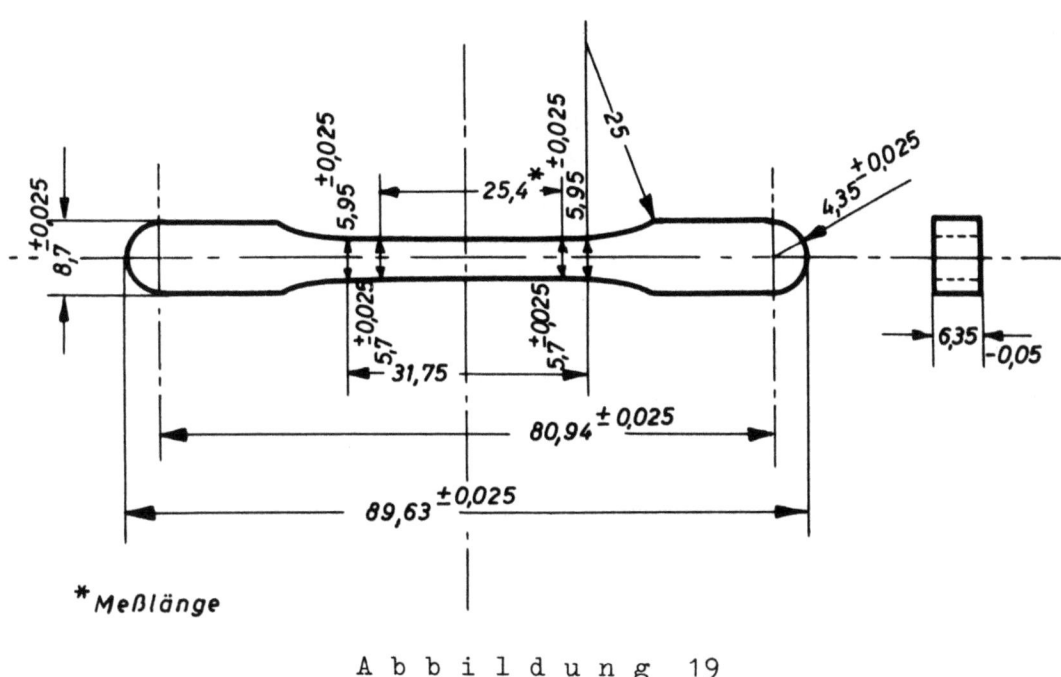

Abbildung 19

Die Verwendung eines Flachzerreißstabes nach MPA erlaubt es, die gewonnenen Ergebnisse mit denen der in ausländischer Literatur veröffentlichten Angaben zu vergleichen. In Tabelle 1 sind die Herstellungsbedingungen dieser Flachzerreißstäbe, die dann dem Aufkohlungs- und Härteprozeß zugeführt wurden, erfaßt.

Es wurde bewußt Wert darauf gelegt, bei allen zur Anwendung kommenden Pulvergemischen die gleichen Ausgangsbedingungen bei deren Verarbeitung zu Flachzerreißstäben einzuhalten, um so die Endwerte nicht zu verwischen. Aus Tabelle 1 ist zu erkennen, daß durch Anwendung der Doppelpreßtechnik, ohne allzu hohe spezifische Drücke aufwenden zu müssen, bereits hohe Dichtwerte erreicht werden. Durch die Verwendung von

Tabelle 1

Herstellungsbedingungen der Flachzerreißstäbe

Pulver	Nr.	Dichte [g/cm³]	Vorpreß-druck [t/cm²]	Vorsinter-temperatur [°C]	Nachpreß-druck [t/cm²]	Höhen-reduzierung [mm]	Nachsinter-temperatur [°C]	Kalibrier-druck [t/cm²]	Fertig-höhe [mm]
60 % RS 300 39,5 % RZ 150 0,5 % Stearat	1	6,4 6,8 7,2	5,7 5,7 5,7	835 835 835	0 5,4 6,4	0 - 0,2 - 0,6	1200 1200 1200	1 1 1	6,35 6,35 6,35
99,5 % Elektrolyt-eisenpulver 0,5 % Stearat	2	6,8 7,2 7,4	5,7 5,7 5,7	835 835 835	3,6 5,7 6,4	- 0,1 - 0,45 - 0,6	1200 1200 1200	1 1 1	6,35 6,35 6,35
60 % RS 300 36,5 % RZ 150 3,0 % Kupfer 0,5 % Stearat	3	6,4 6,8 7,2	5,7 5,7 5,7	835 835 835	0 5,4 5,7	0 - 0,2 - 0,5	1200 1200 1200	1 1 1	6,35 6,35 6,35

Elektrolyteisenpulver wird bei gleichen Preßdrücken eine Erhöhung der Dichte erreicht. Diese Vorgänge sind aber genügend bekannt und sollen in diesem Rahmen nicht mehr erörtert werden. Immerhin ist es so, daß die angegebenen drei Pulvergemische und deren weitere Betrachtung bei den nachfolgenden Härteprozessen einen guten Überblick verschaffen können für die Vielzahl der möglichen Legierungen, die bei der Herstellung von Sinterformteilen auftreten.

In den Abbildungen 20 bis 22 wurden Härte, Zugfestigkeit und Dehnung über der Dichte aufgetragen; hierfür sind Zerreißstäbe nach den Arbeitsverfahren der Tabelle 1 hergestellt worden. Die Verwendung von Elektrolyteisenpulver (Pulver 2, Abb. 21) bringt durch die Möglichkeit der Erhöhung der Dichte eine bessere Dehnung mit sich. Aus der Abbildung 22 ist eindeutig ersichtlich, daß ein Zusatz von 3 % Kupfer (Pulver 3) die Zugfestigkeit wesentlich erhöht, die Dehnung allerdings empfindlich verringert. Im Vergleich zu den Abbildungen 20 und 21 ist der Verlauf der Brinellhärte, aufgetragen über die verschiedenen Dichten, gleichmäßiger. Auch diese Ergebnisse sind an sich bekannte pulvermetallurgische Erfahrungen, die an dieser Stelle wiederholt werden mußten, um die Grundlage für die weiteren Versuche zu geben.

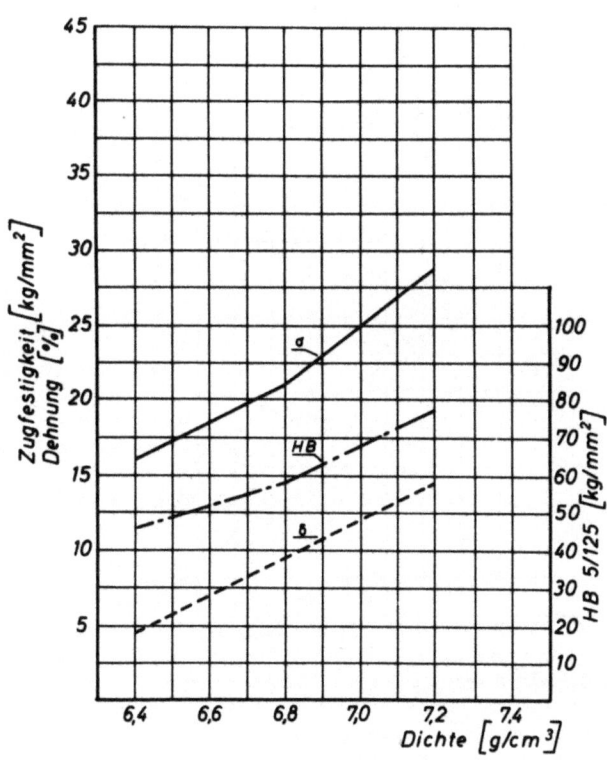

A b b i l d u n g   20
Pulver 1 ungehärtet

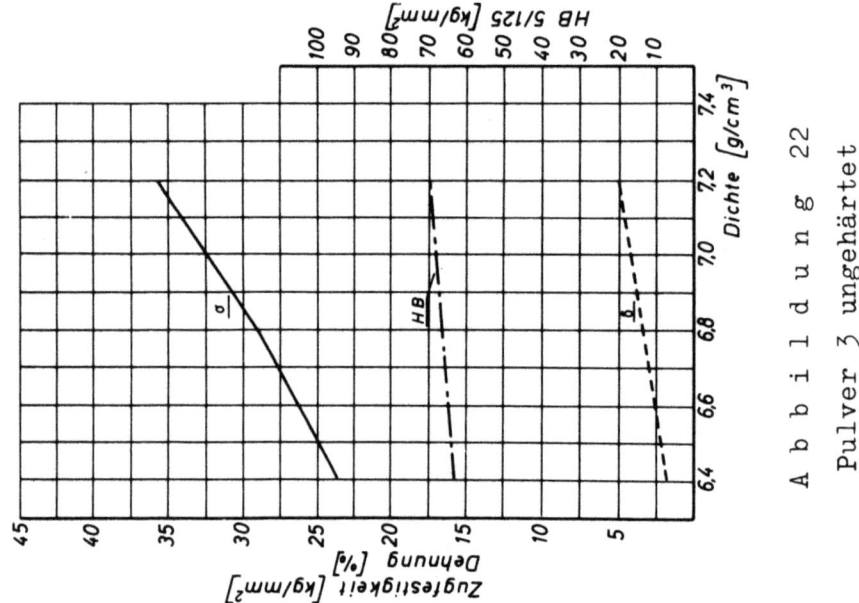

Abbildung 22
Pulver 3 ungehärtet

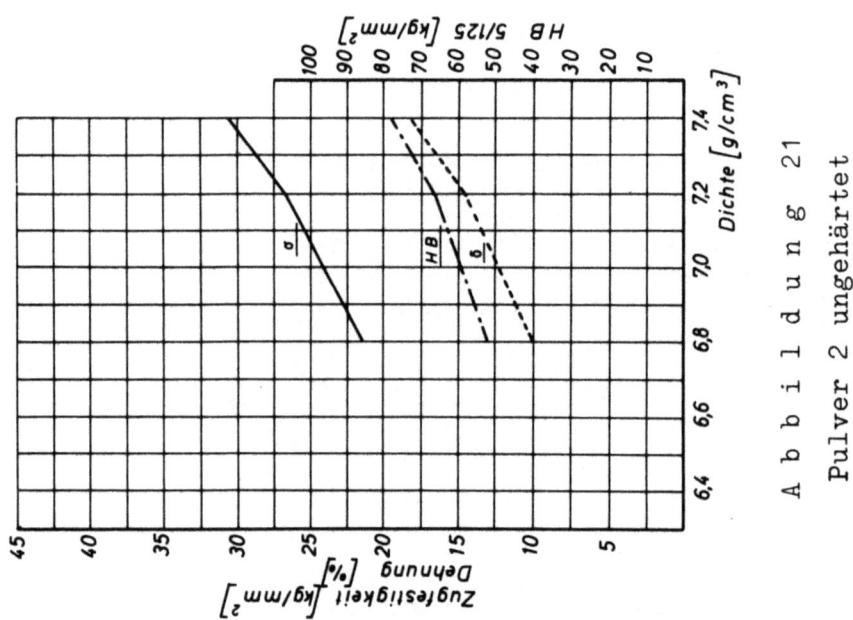

Abbildung 21
Pulver 2 ungehärtet

Mit diesem Vormaterial ausgestattet wurden nun, wie nachstehend im einzelnen ausgeführt, die verschiedensten Nachbehandlungsverfahren vorgenommen.

VI. Gasaufkohlung von gesinterten Flachzerreißstäben

1. Wasserhärtung

In Anlehnung an die bereits vorangegangenen Untersuchungen wurden nun weitere Versuche mit Zerreißstäben durchgeführt, um neben der Härte auch Zugfestigkeit und Dehnung zu bestimmen. Schon bei den früheren Versuchen ist festgestellt worden, daß bei einer Dichte von 7,0 g/cm^3 teilweise ein RC-Härtegrad nicht mehr ermittelt werden konnte, da das Meßergebnis in seinem Wert zu niedrig lag.

Mit Zerreißstäben, gefertigt wie in Tabelle 1 ersichtlich, wurde unter den nachstehenden Bedingungen ein weiterer Härteversuch durchgeführt:

Einsatz	10 kg	
Einsatztemperatur	840° C	
Einsatzzeit	2 h	
Gasmischung	Propan	150 l
	NH_3	50 l
	Luft 0 bis 20 min	0 l
	" 20 bis 120 min	300 l

Härten (Abschreckhärten) erfolgte in Wasser von Raumtemperatur. Unter Abschreckhärten versteht man nach DIN 17014 "Abkühlen von einer Temperatur oberhalb A_1 oder A_3 mit solcher Geschwindigkeit, daß oberflächlich oder durchgreifend eine erhebliche Härtesteigerung, in der Regel Martensitbildung, eintritt."

Bei den vorangegangenen Versuchen war das Abschreckmittel Öl. Wasser hat nun als das am schroffsten wirkende Kühlmittel den Nachteil, daß sich an der Oberfläche des Werkstückes Dampf- und Luftblasen bilden können, die zu einer Weichhautbildung und zu Härterissen führen. In der Härtetechnik wird deshalb gerne Salzwasser (8 bis 15 %ige Lösung von Steinsalz) verwandt, da ein solches Abschreckmittel weniger gelöste Luft enthält. Mit Rücksicht auf den porigen Werkstoff und die bestehende Gefahr des nachträglichen Ausblühens der Badsalze wurde auf ein hochprozentiges Salzwasser verzichtet und nur eine 2 %ige Steinsalzlösung verwendet.

Ein nachträgliches Anlassen unterblieb, da gerade die Massenfertigung der Fahrzeugindustrie sowie die der Schreib- und Büromaschinenindustrie usw. die schnelle Erzeugung einer gleichmäßigen und glasharten Oberfläche verlangt.

In den Abbildungen 23, 32 und 36 ist über der Dichte eingetragen:

HRC (mit HRCg, bezeichnet, wobei g gemessen bedeutet), HV_{10} und HV_1, sowie Zugfestigkeit in kg/mm^2 und Dehnung in %. Ebenfalls aufgezeichnet ist der RC-Härtegrad wie er aus der Umrechnung aus HV_1 hervorgeht (mit - HRC aus HV_1 - bezeichnet).

Aus der Abbildung 23 geht hervor, daß bei einer Dichte von 7,2 g/cm^3 kein RC-Härtegrad mehr meßbar ist. Die Vickers-Härtemessung HV_{10} und HV_1 zeigt zwar ebenfalls einen Abfall, hat aber bei einer Dichte von 7,2 g/cm^3 noch einen meßbaren Wert. Die Zugfestigkeit ist im Vergleich zu den Ausgangswerten (Abb. 20 bis 22) wesentlich höher. Die Dehnung hat allerdings eine beträchtliche Verminderung erfahren.

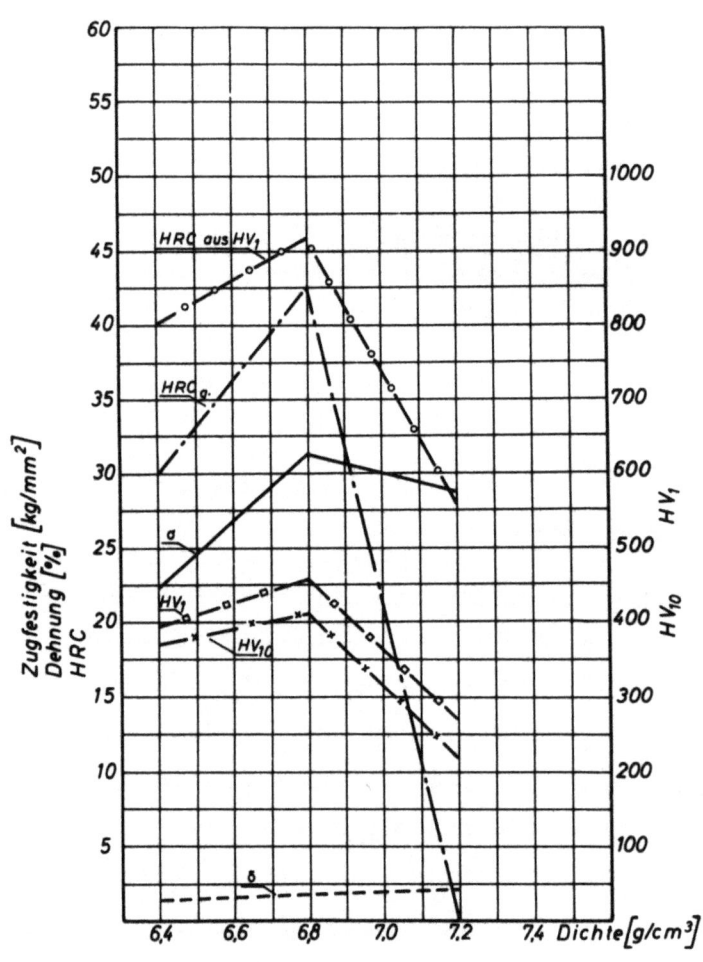

A b b i l d u n g   23
Pulver 1 840° C 2 h Wasserhärtung

Die Feststellung, daß bei einer Dichte von größer 7,0 g/cm^3 mit einem Abfall der HRC-Werte zu rechnen ist, überrascht, da gerade die Erhöhung der Dichte ein Ansteigen der Härte vermuten läßt. Um diese interessante Feststellung näher zu beleuchten, wurden Querschliffe durch die entsprechenden Zerreißstäbe gelegt.

Aus den Schliffbildern Abbildungen 24 bis 26 ist klar ersichtlich, daß mit zunehmender Dichte die Einsatztiefe bei gleichen Aufkohlungs- und Härtebedingungen kleiner wird. Der Querschliff nach Abbildung 24 enthält im Kern noch geringe Mengen von nicht gelöstem Ferrit. Die Einsatztiefe geht fast über den ganzen Querschnitt. Bei einer Dichte von 6,8 g/cm^3, Abbildung 25, ist bereits eine eindeutige Trennung zwischen Kern und Einsatzschicht zu erkennen. Die Einsatztiefe ist verhältnismäßig groß und liegt bei etwa 1,0 mm. Der Rand ist martensitisch mit hellen Stellen von noch nicht aufgelöstem Ferrit. Am Übergang zur gehärteten Zone wurde Zwischenstufengefüge festgestellt. Abbildung 26 zeigt den Querschliff durch einen Zerreißstab mit einer Dichte von 7,2 g/cm^3. Von dieser Dichte ab erkennt man eine klare Trennung zwischen Kern und Rand. Die Einsatzschicht ist etwa 0,5 mm tief, allerdings recht ungleichmäßig. Die gehärtete Randschicht besteht aus einem fast strukturlosen bis feinstrahligen Martensit. Am Übergang vom Rand zum Kern ist Zwischenstufengefüge vorhanden.

Besondere Beachtung verdient die Feststellung, daß die Einsatzschichten sich zuerst an den Oberflächen, in Preßrichtung gesehen, ausbilden. An den Seitenflächen, die mit der Matrizenwand beim Pressen in Berührunr stehen, ist mit Ausnahme der Abbildung 24 bei zehnfacher Vergrößerung keine Einsatzschicht zu erkennen. Bei einer 300fachen Auflösung erkennt man einen gehärteten Rand, der jedoch nur 0,03 mm tief geht und zudem noch recht ungleichmäßig ist.

Da unter den gleichen Bedingungen bei einer Dichte von 6,4 g/cm^3 und darunter auch von den Seiten her ein Einsatz auftritt, ist folgendes festzustellen:

1. Die Einsatzzeit wurde bewußt kurz gehalten, um bei einem porigen Werkstoff überhaupt noch eine definierte Einsatzschicht zu erhalten.

2. Je höher die Dichte getrieben werden muß, um so stärker wird infolge der Wandreibung zwischen Matrizenwand und Preßling eine Verdichtung der Seitenflächen eintreten. Zumindest wird so in einer Grenzschicht eine überhöhte Dichte auftreten.

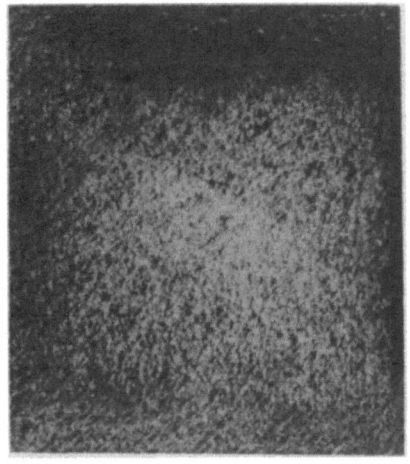

x 10
A b b i l d u n g   24   x 200
A b b i l d u n g   25

Pulver 1
    Querschliff durch gehärteten
    Zerreißstab mit einer Dichte
    von 6,4 g/cm³

Pulver 2
    Querschliff durch gehärteten
    Zerreißstab mit einer Dichte
    von 6,8 g/cm³

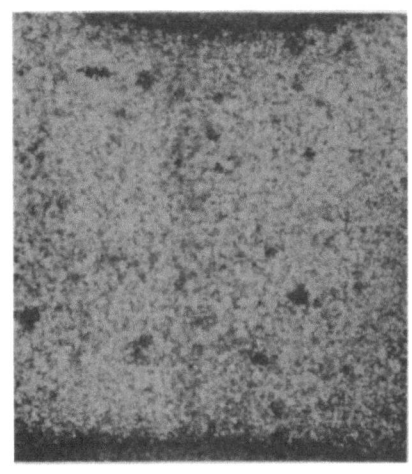 

x 10   A b b i l d u n g   26   x 200

Pulver 3
    Querschliff durch gehärteten
    Zerreißstab mit einer Dichte
    von 7,2 g/cm³

Pulver 3
    Obere gehärtete Randschicht,
    die Stelle enthält etwa 0,3 % C

3. An den Oberflächen des Preßlings, die mit Ober- und Unterstempel in Berührung kommen, erfolgt zwar auch eine Verdichtung, die Oberfläche bleibt aber selbst bei hoher Enddichte noch porös genug, um den Aufkohlungsgasen ein leichtes Eindringen zu erlauben.

4. Vor allen Dingen dann, wenn wie in den hier beschriebenen Versuchen zur Erhöhung der Dichte die Doppelpreßtechnik angewendet werden muß, werden sich beim zweiten Pressen und nachträglichen Kalibrieren die offenen Poren der Seitenflächen sozusagen verschmieren. Erst bei niedriger Dichte bleiben noch genügend Poren offen (Abb. 24), um dem Aufkohlungsgas ein Eindringen zu erlauben.

5. Auch aus Abbildung 25 ist zu erkennen, daß im Kern einzelne dunkle Nester, die aus Zwischenstufengefüge bestehen, vorhanden sind. Hier ist es offenbar den Aufkohlungsgasen gelungen, durch das Kapillarnetz der Poren bis zum Kern hin vorzudringen, um dort stellenweise den Kohlenstoff abzugeben.

6. Unter den gleichen Aufkohlungs- und Härtebedingungen wurden mehrere kompakte Stahlproben der Qualität C 15 behandelt. Abbildung 27 zeigt in 10facher Vergrößerung den Querschliff. Es läßt sich keine Einsatzschicht erkennen.

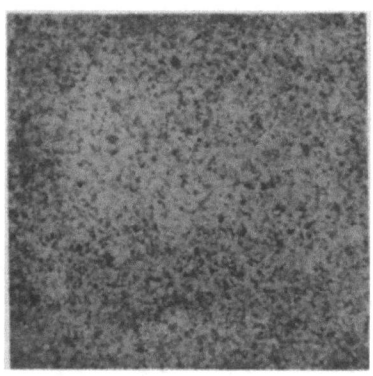

x 10

A b b i l d u n g 27
Querschliff durch einen aufgekohlten
und gehärteten Stahl der Qualität C 15

Dies bedeutet, daß tatsächlich die Aufkohlungsbedingungen sehr schwach sind und beim gesinterten Material nur an Flächen mit noch nach innen hin offenen Poren eine Aufkohlung stattfinden kann.

Zur Ergänzung dieser Begebenheiten wurden an dem Schliff (Abb. 25) jeweils einmal von der Oberfläche her zum Kern hin, als auch von der Seitenfläche zum Kern hin, Mikrohärteeindrücke $HV_{0,1}$ durchgeführt (Abb. 28 und 29).

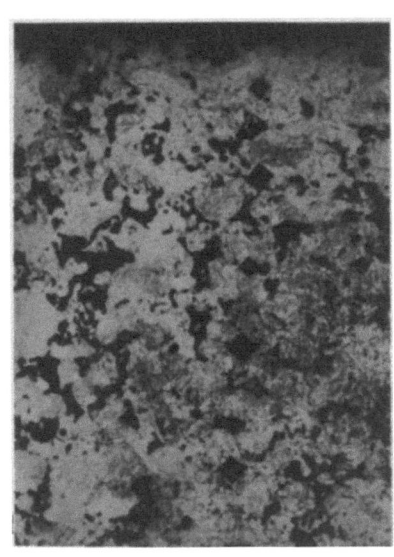 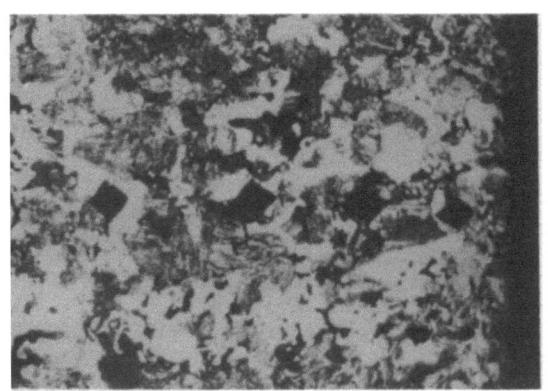

x 150   x 150

A b b i l d u n g 28   A b b i l d u n g 29
Ausschnitt aus Schliffbild   Ausschnitt aus Schliffbild
Abb. 15, Mikrohärteeindrücke   Abb. 15, Mikrohärteeindrücke
$HV_{0,1}$ von der Oberfläche zum $HV_{0,1}$ von der Seitenfläche
Kern hin   zum Kern hin

Härtewerte $HV_{0,1}$ von der Oberfläche zum Kern hin Abbildung 28:

634, 383, 542, 245, 330, 707, 272, 585, 585, 390, 312, 153, 110, 121, 71.

Härtewerte $HV_{0,1}$ von der Seitenfläche zum Kern hin Abbildung 29:

206, 135, 165, 165, 105, 193, 115, 165, 105, 80.

Auch diese Versuchsreihe zeigt eindeutig, daß von den Seitenflächen zum Kern hin, mit Ausnahme eines sehr dünnen Randes, keine tiefergreifende Einsatzschicht vorhanden ist.

Es könnte nun sein, daß die nach dem Schliffbild Abbildung 25 getroffenen Feststellungen rein zufällig sind, da es denkbar ist, gerade an solch einer Seitenstelle den Querschliff angelegt zu haben, an welcher eine besonders hohe Verdichtung eintrat.

Die nachstehende Abbildung 30 ist ein Querschliff durch einen in Granulat 30 (Degussa-Durferrit) während 2 Stunden bei 900° C aufgekohlten und gehärteten Zerreißstab. In dem Schliffbild, Abbildung 31, ist Rand- und Übergangsgefüge zum Kern hin gezeigt. Es ist evident, daß auch hier von den noch porösen Oberflächen her eine sehr klare gehärtete Einsatzschicht von ca. 1,0 mm erreicht wird. Links tritt an der Seitenfläche

ein unregelmäßiger Einsatz auf, was bedeutet, daß hier die Seitenfläche
etwas aufgelockert ist; im Grunde jedoch dieselbe Erscheinung wie in
Abbildung 25, was zu beweisen war.

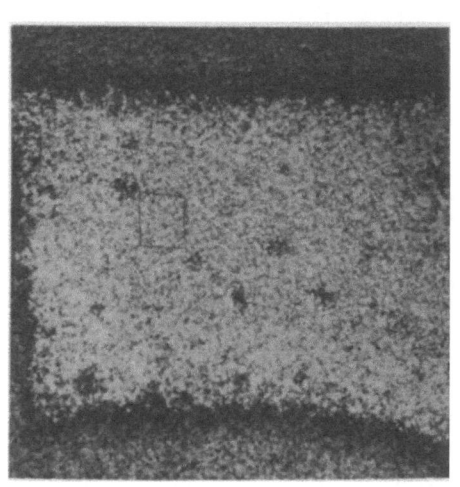

x 10

A b b i l d u n g 30

Querschliff durch einen in
Granulat 30 eingesetzten
und gehärteten Zerreißstab,
Dichte 6,8 g/cm^3

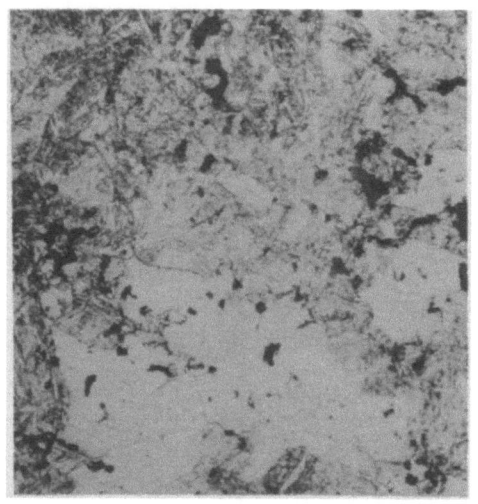

x 300

A b b i l d u n g 31

Obere gehärtete martensitische
Randschicht. Übergang zum Kern
Ferrit

Diese Feststellungen sind sehr wichtig; denn gerade bei gesinterten
Formteilen wird zur Erreichung optimaler Festigkeitswerte eine hohe
Dichte angestrebt und aus diesem Grunde als Herstellungsverfahren die
Doppelpreßtechnik angewandt. Bei schwachen Aufkohlungsbedingungen werden, wie vorstehend ausgeführt, die Seitenflächen nur unzureichend gehärtet und falls diese Seiten Funktionsflächen sind, ist zu erwarten,
daß sie den Beanspruchungen des Betriebes nicht gewachsen sind. Es wird
folglich weiter zu prüfen sein, wie diesem Mangel begegnet werden kann.

Aus den Betrachtungen der Schliffe (Abb. 24 bis 26) erklärt sich auch
der momentane Abfall der HRC-Werte, ersichtlich in den Abbildungen 23
und 32 sowie teilweise in den nachfolgenden. Bei niedrigen Dichten
(Abb. 18) wird nur eine Scheinhärte, bedingt durch die hohe Porosität,
gemessen. Steigt die Dichte über 6,8 g/cm^3 an, so ist schon mit einer
Einsatzschicht von 1,0 bis 1,5 mm zu rechnen, welche dann bei einer
Dichte von 7,2 g/cm^3 auf ca. 0,5 mm abfällt. Diese harte Oberflächenschicht ruht auf einem noch porösen Untergrund, und es ist verständlich,
daß bei einer Prüflast von 150 kg, wie es bei der HRC-Messung üblich ist,

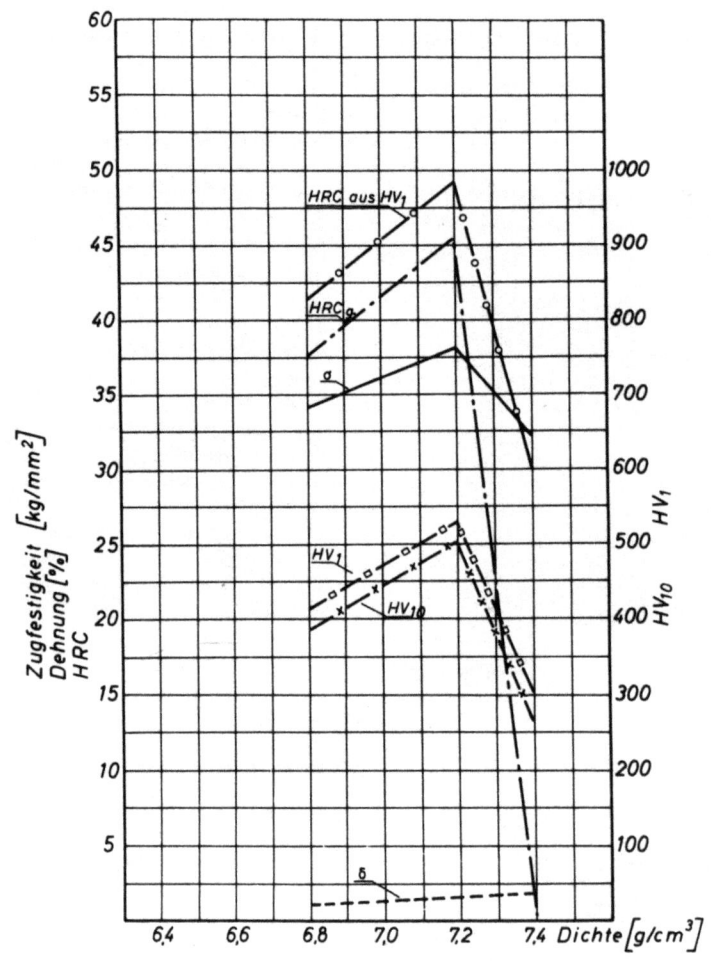

Abbildung 32
Pulver 2 840° C 2 h Wasserhärtung

die Stützwirkung des porösen Untergrundes geringer sein wird als es bei kompaktem Einsatzmaterial der Fall ist. Infolgedessen muß ein Einbrechen des Diamanten erfolgen, und die exakte Härtemessung wird unmöglich. Wird der Querschnitt durchgekohlt, was bei gleichen Arbeitsbedingungen nur bei sehr porigen Werkstoffen der Fall sein kann, dann wird der Kern härter und der RC-Härtegrad nicht völlig abfallen, wenngleich auch nur ein geringerer Wert (Scheinhärte) gemessen wird.

Es müßte sich durch legierungstechnische Maßnahmen erreichen lassen, von vornherein, also schon bei der Sinterung, ein härteres Gefüge zu erreichen, um damit die Abstützwirkung zu erhöhen. Weitere Versuche werden zeigen, daß dies möglich ist, und deren Ergebnisse können auch die vorangegangenen Feststellungen begründen.

Bei der Verwendung von Elektrolyteisenpulver ist es möglich, unter gleichen Preß- und Sinterbedingungen auf höhere Dichte zu kommen. Die Einsatzschichten sowie das Härtegefüge gehen aus den Abbildungen 33 bis 35 hervor und zeigen in etwa die gleichen Verhältnisse wie die Abbildungen 24 bis 26. Unterschiedlich ist das Kohlungsverhalten, da reines Elektrolyteisen gegenüber Pulver 1 bei gleichen Dichten tiefergehende Einsatzschichten zeigt. Damit verschiebt sich der Abfall der physikalischen Werte nach höheren Dichten hin.

Wie in Abbildung 23, so ist ebenfalls in Abbildung 32 ein deutlicher Knick der Härte, als auch der Zugfestigkeit zu erkennen. Sowohl bei der HV_{10} als auch bei der HV_1-Härteprüfung tritt dieser Knick auf, was darauf schließen läßt, daß selbst die niedrigen Prüflasten von 10 kg und sogar von 1 kg einen Einbruch der Härteschicht verursachen.

Da die nach HV_{10} und HV_1 ermittelten Härtewerte in keinem Fall auf 0 abfielen, ist wohl der Beweis erbracht, daß die Härtemessung bei gehärteten Sinterwerkstoffen mit möglichst kleinen Prüflasten durchzuführen ist, um, falls es notwendig wird, auf den RC-Härtegrad umzurechnen. Ein solches Verfahren gibt die Gewähr einer möglichst genauen Härtebestimmung der Oberfläche, wenngleich auch eine gewisse Streuung der Härtewerte, bedingt durch das porige und zudem noch teilweise heterogene Gefüge der Sinterwerkstoffe, eintritt.

Auch die Zugfestigkeit weist bei den gehärteten Proben einen Knick auf, was wohl darauf zurückgeführt werden kann, daß tatsächlich bei höheren Dichten die Einhärtetiefe nicht allzu groß ist und somit die Gesamtfestigkeit des betreffenden Querschnittes reduziert wird. Die Dehnung fällt allerdings recht erheblich ab und zeigt nur ein geringfügiges Ansteigen.

Wesentlich anders werden die Ergebnisse bei den aus Pulver 3 hergestellten Zerreißstäben, die 3 % Cu als Legierungselement enthalten (Abb. 36). Dieses zeigt nun nicht mehr den charakteristischen Knick der Abbildungen 23 und 32, sondern alle aufgetragenen Werte steigen mit Ausnahme der Dehnung an.

Die aus HV_1 umgerechneten HRC-Werte liegen niedriger als die Höchstwerte der Abbildungen 23 und 32, was wohl auf den Kupfergehalt zurückzuführen ist, wie dies bei der Ölhärtung in den Erklärungen zu Abbildung 18 bereits ausgeführt wurde.

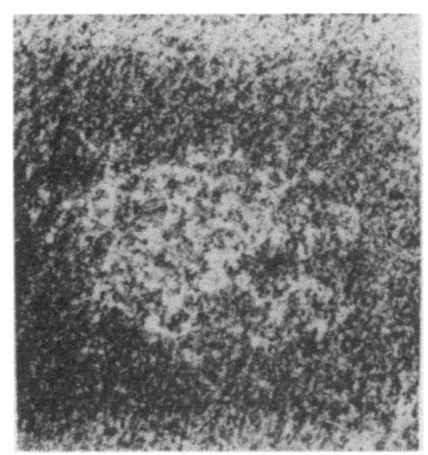

x 10

A b b i l d u n g 33

Pulver 2

Querschliff durch gehärteten Zerreißstab mit einer Dichte von 6,8 g/cm³

x 10

A b b i l d u n g 34

Pulver 2

Querschliff durch gehärteten Zerreißstab mit einer Dichte von 7,2 g/cm³

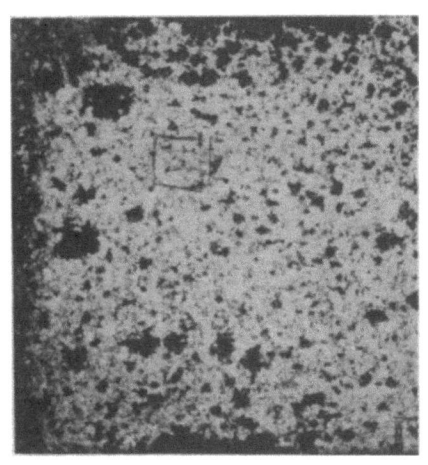
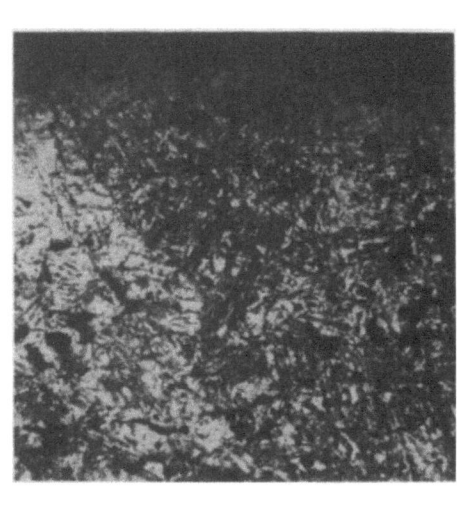

x 10   x 200

A b b i l d u n g 35

Pulver 2

Querschliff durch gehärteten Zerreißstab mit einer Dichte von 7,4 g/cm³

Pulver 2

Obere gehärtete Randschicht, die Stelle enthält etwa 0,3 % C

Bevor näher auf dieses recht interessante Diagramm eingegangen wird, sollen als Grundlage die nachfolgenden Betrachtungen herangezogen werden.

Aus dem Zweistoffschaubild Eisen-Kupfer, Abbildung 37, geht hervor, daß die Kupferlöslichkeit im γ-Mischkristall größer ist als die im α-Mischkristall. Die Verhältnisse liegen hier ähnlich wie im Eisen-

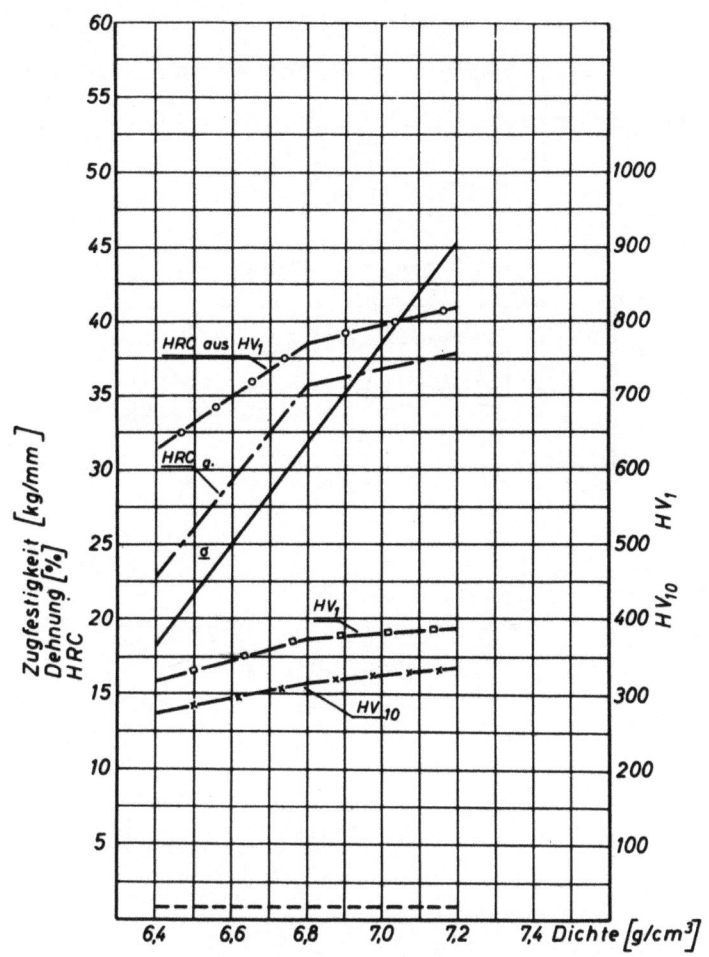

Abbildung 36

Pulver 3 840°C 2 h Wasserhärtung

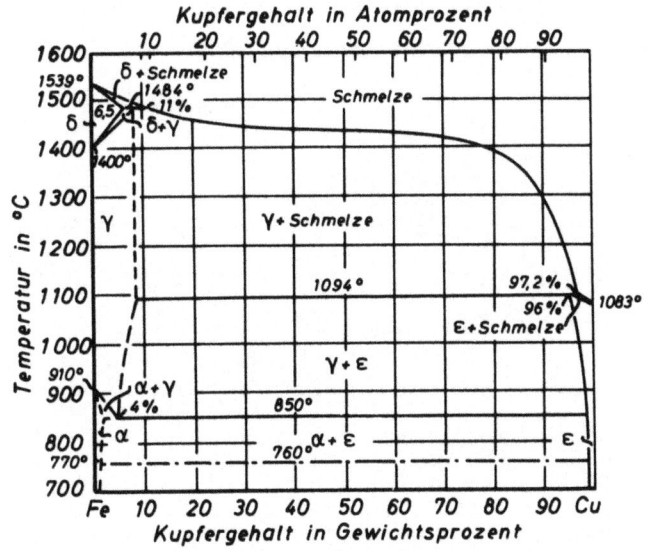

Abbildung 37

Das Zweistoffschaubild Eisen-Kupfer. [Nach B.H. DANILOFF: Metals Handbook, Amer. Soc. Met. Cleveland 1948, S. 1196.]
[Nach HOUDREMONT Bd. II, Seite 1239]

Kohlenstoff-System. Die maximale Kupferlöslichkeit im γ-Mischkristall liegt bei rund 9 % bei 1094° C, im α-Eisen beträgt sie 1,4 % bei 850° C (Abb. 38). Bei Raumtemperatur wird die Löslichkeit kleiner als 0,2 % sein.

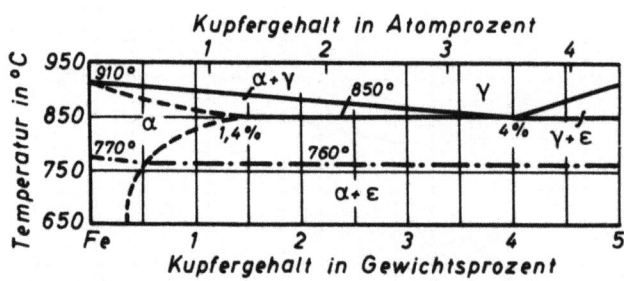

Abbildung 38

Die eisenreiche Seite des Systems Eisen-Kupfer. [Nach B.N. DANILOFF: Metals Handbook, Amer. Soc. Met. Cleveland 1948, S. 1196.]
[Nach HOUDREMONT Bd. II, Seite 1240]

Es ergeben sich somit zwei Möglichkeiten, um eine Aushärtung durchzuführen.

1. Ablöschen von Temperaturen bis 850° C aus dem α-Gebiet mit nachfolgendem Anlassen, insbesondere bei Legierungen bis max. 1,4 % Cu.

2. Ablöschen aus dem γ-Gebiet mit nachfolgendem Anlassen, insbesondere bei Legierungen mit höherem Kupfergehalt. Hierbei wird durch Steigerung der Ablöschtemperatur von 600 auf 900° C die Härte im abgeschreckten Zustand kontinuierlich erhöht und durch ein nachfolgendes Anlassen weiter gesteigert.

Über diese Wärmebehandlungsverfahren ist sowohl für die verschiedensten Stähle als auch für Eisen-Kupfer-Sinterwerkstoffe in mehreren Veröffentlichungen berichtet worden [12], [13], [14].

Im Rahmen des vorliegenden Berichtes ist besonders das Verhalten von Eisen-Kupfer-Kohlenstoff-Legierungen beachtenswert. Zusammenfassend ergibt sich, daß Kupfer nicht als Karbidbildner wirkt. Bei mehr als 0,3 % Cu kann schon eine Ausscheidungshärtung durchgeführt werden, und bei höheren Kupfergehalten kann sich eine Umwandlungshärtung ergeben. Für zwei Stähle wird in Abbildung 39 gezeigt, daß durch Kupferzusatz das gemeinsame Umwandlungsmaximum zu etwas längeren Zeiten hin verschoben wird. Die M_s-Temperatur wird praktisch nicht verändert. Durch die Verringerung der kritischen Abkühlungsgeschwindigkeit wird die Härtbarkeit

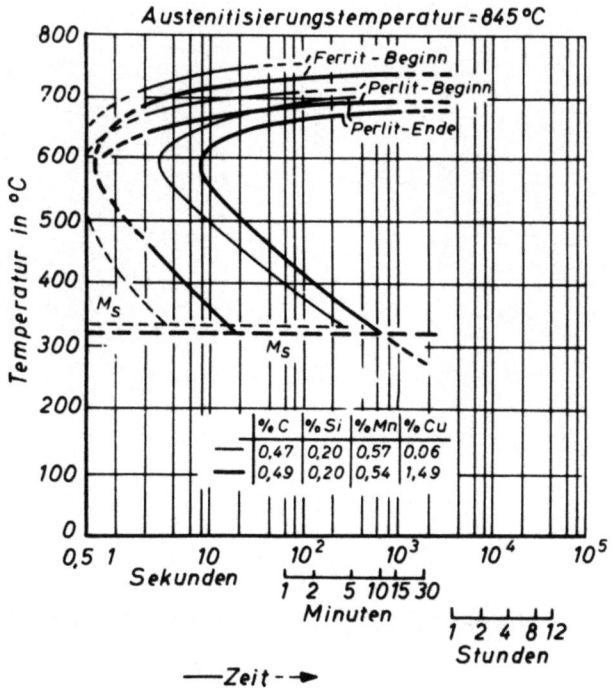

Abbildung 39

Isothermes ZTU-Schaubild eines Stahles mit 1,5 % Cu im Vergleich zu einem kupferfreien Stahl. [Nach Atlas of Isothermal Transformation Diagrams, U.S. Steel. Pittsburgh 1951.]
[Nach HOUDREMONT Bd. II, Seite 1244]

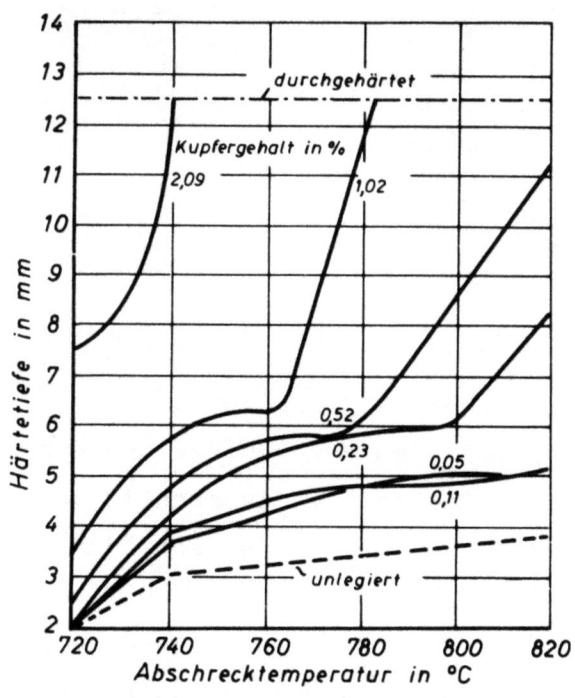

Abbildung 40

Abhängigkeit der Härtetiefe von Stählen mit rund 0,9 % C vom Kupfergehalt. [Nach H. BENNEK: Stahl und Eisen Bd. 55 (1935) S. 160 bis 164.
[Nach HOUDREMONT Bd. II, Seite 1245

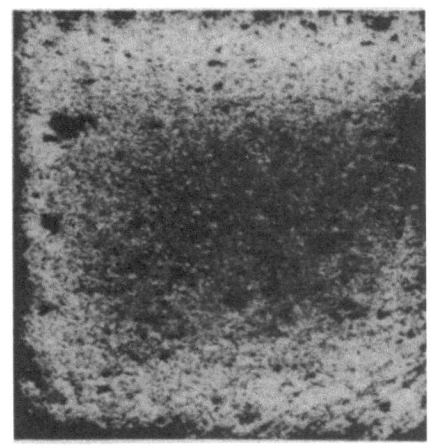 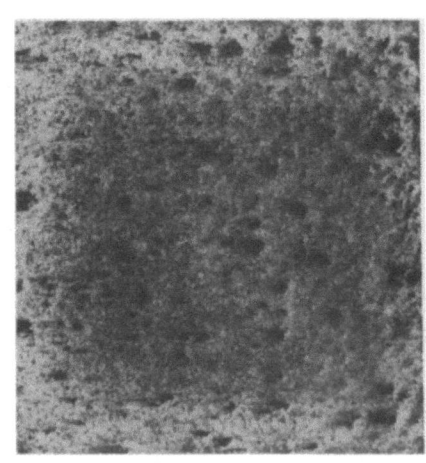

                         x 10   x 10

A b b i l d u n g   41   A b b i l d u n g   42

Pulver 3   Pulver 3

Querschliff durch gehärteten   Querschliff durch gehärteten
Zerreißstab mit einer Dichte   Zerreißstab mit einer Dichte
von 6,4 g/cm^3 von 6,8 g/cm^3

 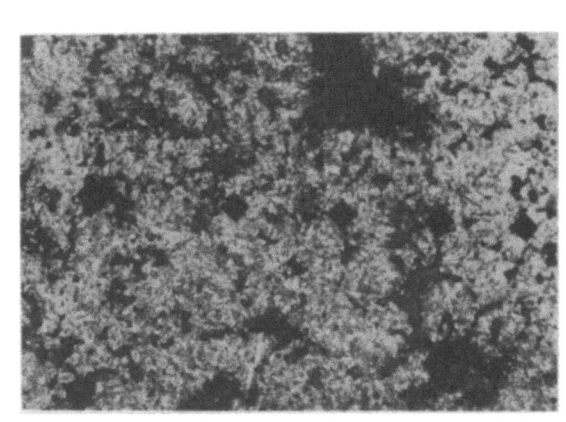

                        x 10   x 150

A b b i l d u n g   43   A b b i l d u n g   44

Pulver 3   Pulver 3

Querschliff durch gehärteten   Gefüge und Mikrohärteeindrücke.
Zerreißstab mit einer Dichte   Ausschnitt vom seitlichen Rand
von 7,2 g/cm^3 der Abbildung 41 zum Kern hin

verbessert. Aus Abbildung 40 geht hervor, daß die Einhärtungstiefe von unlegierten Werkzeugstählen schon bei geringen Mengen an Kupfer wesentlich erhöht wird.

Wie in den ersten Erklärungen zu Abbildung 36 schon erwähnt, konnte kein momentaner Abfall der Härte festgestellt werden. Die nachstehenden Querschliffe der Abbildungen 41 bis 43 zeigen gegenüber den Schliffen der Abbildungen 24 bis 26 ein völlig anderes Gefüge auf. Es ist keine deutliche Trennung zwischen Einsatzschicht und Kern mehr zu erkennen; auffallend sind jedoch die über dem Querschnitt verstreuten Porenräume.

Nach dem Ablöschen aus dem γ-Gebiet sind im abgeschreckten Zustand harte Eisen-Kupfer-Mischkristalle entstanden, die von sich aus schon die Abstützwirkung des Gefüges erhöhen (kein Abfall der Härtewerte mehr). Wie an Hand der Forschungsergebnisse beim Stahl festgestellt, ist auch bei einem gesinterten und aufgekohlten Eisen-Kupfer-Kohlenstoff-Werkstoff die Einhärtetiefe größer. Weiterhin müssen sich nach dem zweiten Sintern die stark verdichteten Seitenflächen der Zerreißstäbe, bedingt durch die Diffusion des Kupfers in Eisen, aufgelöst haben, um so den Aufkohlungsgasen den Zugang zum Kern hin zu gestatten. Besonders das Schliffbild Abbildung 42 führt zu dieser Behauptung; denn es zeigt deutlich eine Aufkohlung über den ganzen Querschnitt sowie eine, wenn auch nicht ganz klare, allseitige Einsatzschicht.

Von der Seitenfläche zum Kern hin wurden Mikrohärteeindrücke $HV_{0,1}$ aneinandergereiht (Abb. 44). Die Härtewerte schwanken wegen des teilweise inhomogenen Gefüges zwischen $HV_{0,1}$ = 190 bis 460. Es kann nicht die ganze Reihe der Eindrücke gezeigt werden, aber selbst im Kern wurden noch $HV_{0,1}$-Werte bis zu 300 gemessen, was auf eine fast völlige Durchhärtung schließen läßt. Da dieselben Untersuchungen auch mit dem Zerreißstab nach Abbildung 25 (vgl. die Abb. 28 und 29) durchgeführt wurden und zu der Feststellung führten, daß tatsächlich die Seitenflächen keine tiefergreifende Einsatzschicht aufweisen, dürfte wohl im Hauptsächlichen bewiesen sein, daß sich durch Kupferzusatz die Einhärtetiefe wesentlich vergrößert.

VI. Gasaufkohlung von gesinterten Flachzerreißstäben

2. Geänderte Betriebsverhältnisse

Aus dem vorangegangenen Abschnitt V ging hervor, daß die Aufkohlungsbedingungen an sich schwach waren. In der äußeren Randschicht wurde nur ein gebundener Kohlenstoffgehalt von 0,3 % analysiert.

Wie die Verhältnisse bei einer Verlängerung der Einsatzzeit liegen, soll durch den nachstehenden Versuch an Zerreißstäben, hergestellt aus denselben Pulvergemischen wie in Tabelle 1 erfaßt, ermittelt werden.

Einsatz	10 kg	
Einsatztemperatur	840° C	
Einsatzzeit	4 h	
Gasmischung:	Propan	150 l
	NH$_3$	50 l
	Luft 0 bis 20 min	0 l
	"	300 l

Härten (Abschreckhärten) erfolgte in Wasser von Raumtemperatur. Mit Ausnahme der Einsatzzeit, welche von 2 h auf 4 h verlängert wurde, liegen die gleichen Verhältnisse vor wie in dem Versuch unter Abschnitt II.

Die Abbildungen 45 bis 47 sind etwas anders aufgebaut als die vorherigen. Die Härte HV_1 ist nicht eingetragen. An ihre Stelle trat die Härte $HV_{0,1}$. Damit sollte untersucht werden, ob es möglich ist, durch Wahl einer noch niedrigeren Prüflast die wahre Oberflächenhärte genauer zu ermitteln.

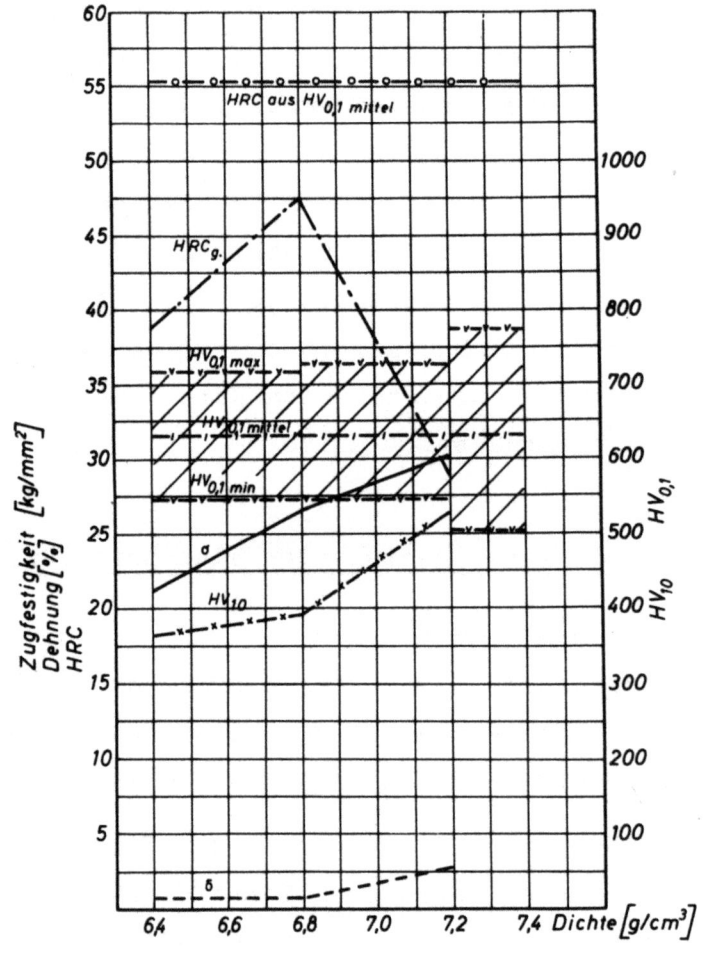

A b b i l d u n g 45

Pulver 1 840° C 4 h Wasserhärtung

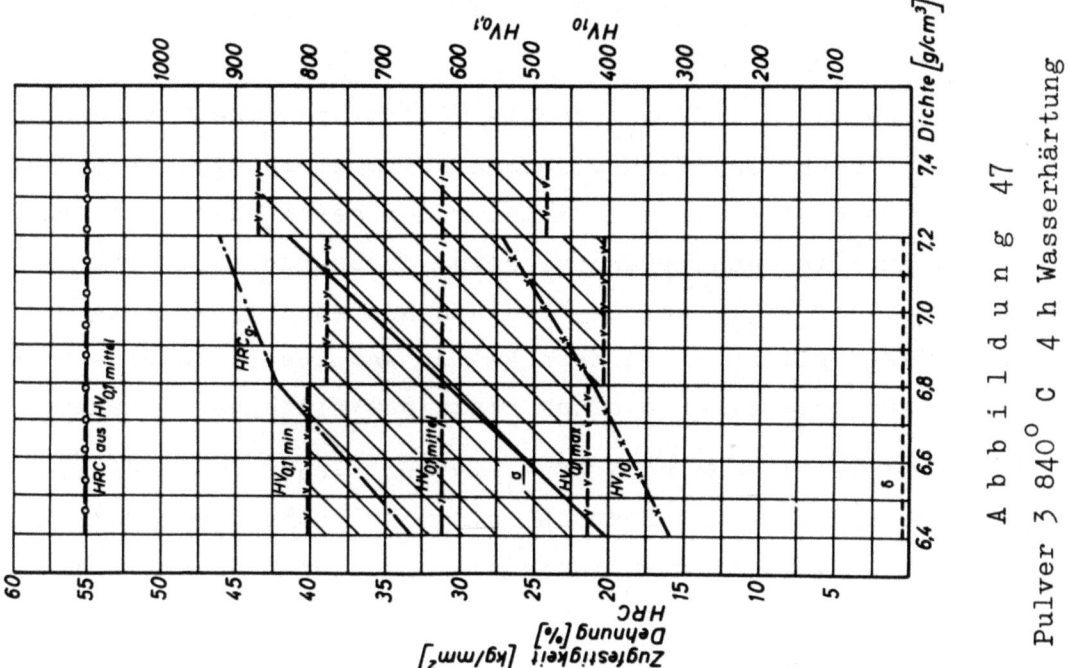

Abbildung 47
Pulver 3 840° C 4 h Wasserhärtung

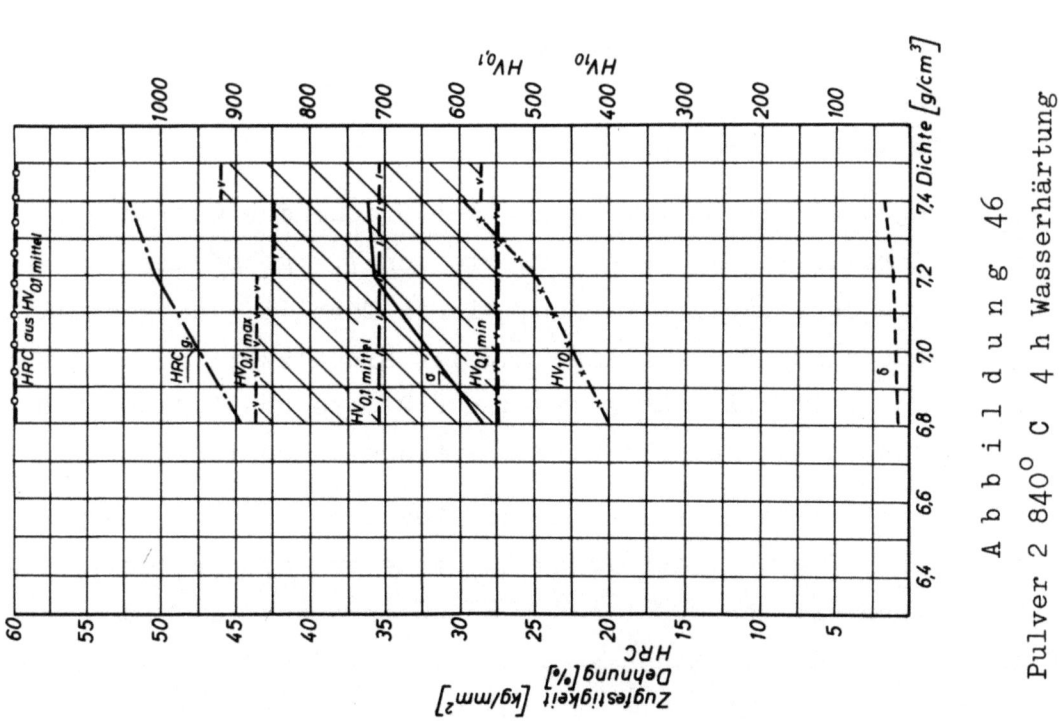

Abbildung 46
Pulver 2 840° C 4 h Wasserhärtung

So geht aus der Abbildung 45 klar hervor, daß die RC-Härte nicht mehr auf 0 abfällt, sondern bei einer Dichte von 7,2 g/cm^3 einen noch meßbaren, wenn auch niedrigen Wert hat. Die Zugfestigkeit zeigt ebenfalls keinen Knick. Die Randschicht bricht zwar bei der HRC-Messung noch ein, aber wie der HV_{10}-Wert durch sein Ansteigen bestätigt, ist die Einsatzschicht wesentlich härter als in den vorangegangenen Versuchen.

Die Messung der Härte nach $HV_{0,1}$ brachte allerdings eine unangenehme Schwierigkeit mit sich, insofern, als es nicht möglich war, eine Mittelwertsbestimmung wegen der starken Streuung der gemessenen Härtegrade durchzuführen. Auch bei den vorangegangenen Versuchen mußte sowohl der HRC- als auch bei der HV_{10}- und HV_1-Prüfung aus etwa 10 Messungen ein Mittelwert gebildet werden. In diesen Fällen war ebenfalls eine Streuung vorhanden, aber die Bildung eines einzelnen Mittelwertes angängig.

Bei der Mikrohärtebestimmung nach $HV_{0,1}$ ist es richtig, die Minimal- und Maximalwerte einzutragen. Dadurch hat diese Methode den Vorteil, ein wirkliches Bild von der Oberflächenhärte zu geben. Nicht exakt ist es, einen Mittelwert einzutragen, um dann auf den HRC-Wert umzurechnen. Wenn es dennoch getan wurde, so nur deshalb, um zu beweisen, daß an sich hohe und wenn man die maximalen $HV_{0,1}$-Werte mit heranzieht, sogar höchste Oberflächenhärten auftreten (HRC = 55 bis 65), die, wie verständlich, dann unabhängig von der Dichte sind.

Die Abbildungen 46 und 47 zeigen keinen Abfall der HRC-Werte mehr. Besondere Erwähnung bedarf noch die Abbildung 47, in welcher durch den 3 %igen Kupferzusatz eine erhöhte Zugfestigkeit auftritt, die Streuung der $HV_{0,1}$-Werte wird allerdings größer.

In den Abbildungen 48 bis 50 werden die entsprechenden Querschliffe sowie für den Zerreißstab mit einer Dichte von 7,2 g/cm^3 das Randgefüge gezeigt. Die Zerreißstäbe wurden, wie in Tabelle 1 dargestellt, aus Pulver 1 gefertigt. Die Verlängerung der Einsatzzeit von 2 h auf 4 h bewirkt bei den Zerreißstäben mit einer Dichte von 6,4 und 6,8 g/cm^3 eine über den ganzen Querschnitt durchgreifende Aufkohlung.

Eine sehr erfreuliche Feststellung dieses Versuches ist es, daß bei einer Dichte von 7,2 g/cm^3, Abbildung 50, eine gut ausgebildete allseitige Einsatzschicht von 0,2 bis 0,5 mm zu erkennen ist. Auch die Seitenflächen haben diesen Einsatz, was beweist, daß durch Verlängerung der Einsatzzeit nunmehr die Aufkohlungsgase Zeit hatten, in die stark verdichteten Seitenflächen einzudringen. Die Kohlenstoffanalyse

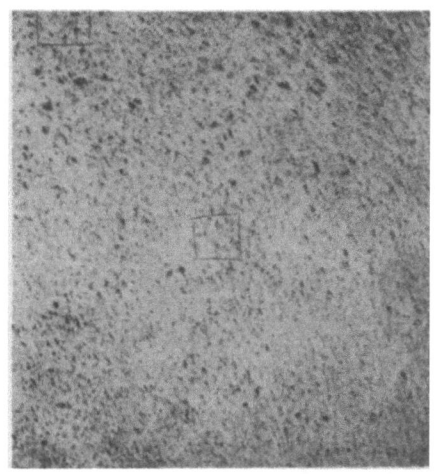

          x 10   x 10

       A b b i l d u n g   48   A b b i l d u n g   49

Pulver 1   Pulver 1

   Querschliff durch gehärteten   Querschliff durch gehärteten
   Zerreißstab mit einer Dichte   Zerreißstab mit einer Dichte
   von 6,4 g/cm³, Einsatzzeit 4 h   von 6,8 g/cm³, Einsatzzeit 4 h

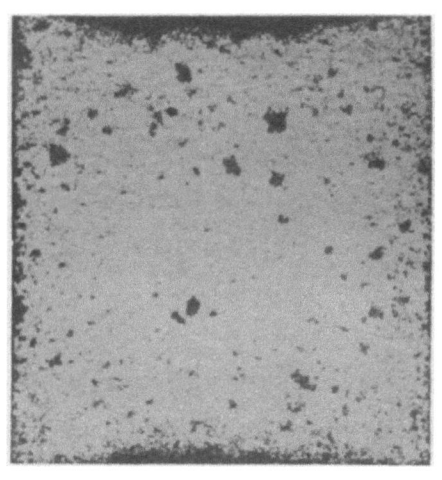 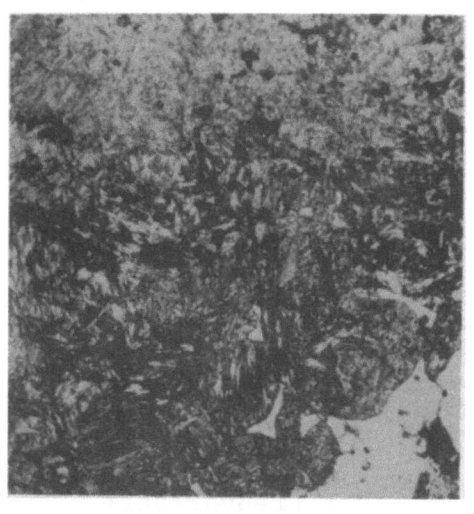

          x 10   x 300

           A b b i l d u n g   50

Pulver 1   Pulver 1

   Querschliff durch gehärteten   Obere gehärtete Randschicht,
   Zerreißstab mit einer Dichte   die Stelle enthält etwa 0,6 % C
   von 7,2 g/cm³, Einsatzzeit 4 h

ergab bis 0,2 mm tief einen gebundenen Kohlenstoffgehalt von ca. 0,6 %.
Das Gefügebild zu Abbildung 50 zeigt auch einen sehr viel besser ausgebildeten Martensit. Vom Rand zum Kern hin erscheint Ferrit, und es wurden zwischen dem Ferrit stellenweise Troostitsäume festgestellt.
Daß dieses Gefüge härter sein muß als bei den vorangegangenen Versuchen,

resultiert auch aus den Abbildungen 45 bis 47, welche im wesentlichen keinen Härteabfall mehr zeigen.

Am Ende dieser Betrachtungen ist noch auf eine besondere Begebenheit hinzuweisen. Die Einsatzschichten, besonders deutlich in den Abbildungen 26, 30, 34 und 50, zeigen von den Oberflächen her, also in Preßrichtung gesehen, einen nach dem Kern zu gesenkten Verlauf. In Abbildung 51 wird dies als Schliffbild an einem aufgekohlten und gehärteten Zerreißstab sehr deutlich herausgestellt.

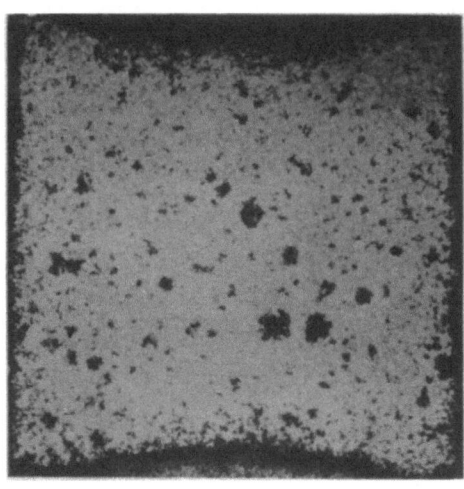

x 10

Abbildung 51

Querschliff durch einen aufgekohlten und gehärteten
Zerreißstab mit einer Dichte von 7,2 g/cm^3

Dieser an sich ungewöhnliche Verlauf der Einsatzschicht war zwar nicht von vornherein zu erwarten, er erklärt sich aber durch bekannte pulvermetallurgische Preßvorgänge.

Von Metallpulvern, wenn sie in entsprechenden Werkzeugen zu Formteilen verpreßt werden, kann, was zur Genüge bekannt ist, kein hydrostatisches Fließen erwartet werden. In der Fachliteratur [10], [15], [16] als auch in vielen anderen Veröffentlichungen [17] wurden gerade diese Fließvorgänge eingehend untersucht. Es würde deshalb zu weit führen, eine umfassende Darstellung zu geben. In kurzer Form soll auf das zum Verständnis der vorliegenden Arbeit Notwendige eingegangen werden.

In Abbildung 52 ist ein Teil der Versuchsergebnisse dargestellt und im Prinzip auf den vorliegenden Fall abgeändert.

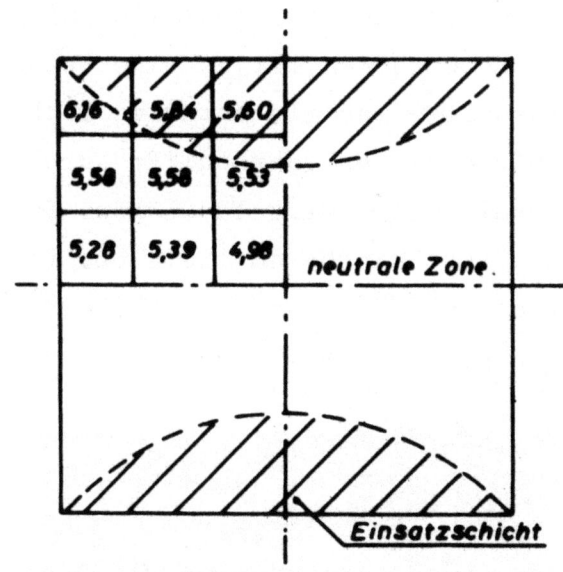

Abbildung 52

Dichteverteilung und Verlauf der Einsatzschicht über
den Querschnitt eines aufgekohlten und gehärteten
Zerreißstabes in schematischer Darstellung

Infolge des Einflusses der Reibung zwischen Werkzeugwand (Matrize) und Pulver ist ein Dichte- und damit verbunden auch ein Härteunterschied zwischen Rand und Mitte des Preßlings zu erwarten. Im linken oberen Viertel der Abbildung 52 ist die Dichteverteilung eingetragen, wie sie H. UNCKEL bei der einseitigen Verdichtung von Eisenpulver (Preßdruck 6 t/cm^2) festgestellt hat.

Der größte Dichtewert ist in der von Werkzeugwand (Matrize) und Stempelwand gebildeten Ecke. Von da fällt die Dichte zur neutralen Zone, als auch nach der Mitte hin ab. Auf die Einsatzhärtung übertragen besagt dies:

1. Die Aufkohlungsgase werden besonders an den Stellen geringster Dichte schnell und tief eindringen können.

2. Da die Seitenflächen der Zerreißstäbe mit hoher Dichte bei kurzen Einsatzzeiten fast keine, bei längeren Einsatzzeiten geringere Einsatztiefen aufweisen, müssen die Seitenflächen infolge der Wandreibung stärker verdichtet sein als die Oberflächen in Preßrichtung.

3. Hieraus folgt, daß, wenn schon bei hoher Dichte eine Einsatzschicht erreicht wird, diese der Dichteverteilung über den Querschnitt folgt und einen zum Kern hin gesenkten Verlauf nehmen wird.

4. Bei der Herstellung von gesinterten Formteilen mit mehreren in Preßrichtung gelegenen Werkstückhöhen ist es eine bekannte Schwierigkeit, über den ganzen Querschnitt eine gleichmäßige Dichteverteilung zu bekommen. Abbildung 53 zeigt den Querschliff durch ein aufgekohltes und gehärtetes Sinterteil mit 2 Werkstückhöhen. Die Einsatzschicht ist über der größten Werkstückhöhe am tiefsten. Dort ist offenbar die Dichte niedriger als über der anderen Werkstückhöhe, und den Aufkohlungsgasen wurde ein tieferes Eindringen erlaubt.

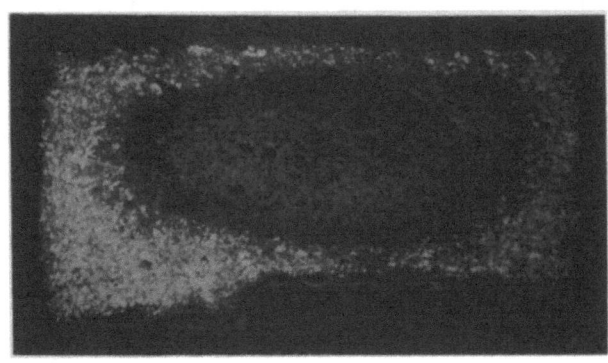

x 8

Abbildung 53

Querschliff durch ein aufgekohltes und gehärtetes Sinterteil mit unregelmäßiger Dichteverteilung über den Querschnitt

5. Die Kenntnis einer gleichmäßigen Dichteverteilung über den Querschnitt von Sinterteilen ist eine sehr wichtige Frage. Die technologischen und physikalischen Werte werden hiervon maßgeblich beeinflußt. So sieht der Verfasser die einfache Möglichkeit durch die Gasaufkohlung selbst oder durch die Diffusion anderer Gase, die Dichteverteilung über den Querschnitt sichtbar zu machen.

6. Wegen der höheren Verdichtung der Seitenfläche, die während des Pressens oder Kalibrierens der Reibung zwischen Werkzeugwand und Werkstück ausgesetzt sind, ist darauf zu achten, daß diese Flächen entweder keine Funktionsflächen sind oder die Einsatzzeit muß zum Zwecke der Erreichung einer tieferen tragenden Einsatzschicht verlängert werden. Ein anderer Weg wäre darin zu sehen, daß die Wandreibung, z.B. durch eine gesonderte Schmierung, verringert wird.

7. Wie die vorangegangenen Untersuchungen gezeigt haben, genügt die Ausbildung einer Einsatzschicht noch nicht, um z.B. hohe Flächenbelastungen zu beherrschen. Es wurde gezeigt, daß, wenn keine genügende Abstützwirkung des gesinterten Gefüges vorliegt, die Einsatz-

schicht bei stellenweiser hoher Belastung (HRC-Messung) einbricht. Es wurde weiterhin gezeigt, daß ein geringer Kupferzusatz die Einhärtetiefe als auch die Abstützwirkung des gesinterten Gefüges erhöht.

Die nachfolgenden Betrachtungen werden angeschlossen, um gerade die Wichtigkeit einer hinreichenden Abstützwirkung des Gefüges an Hand eines anderen Verfahrens zu begründen.

VII. Dampfbehandlung von gesinterten Flachzerreißstäben

In den letzten Jahren hat die Dampfbehandlung von Sinterteilen in der Pulvermetallurgie eine beachtliche Anwendung gefunden. Das Verfahren beruht darauf, Eisenwerkstoffe mit einem Eisenoxydbelag zu versehen. Der chemische Vorgang verläuft nach der Formel:

$$3\ Fe + 4H_2O \longrightarrow Fe_3O_4 + 4H_2$$

Die Sinterteile werden in einem speziellen Ofen bei ca. 550° C einem gleichmäßigen Dampfstrom ausgesetzt. Die von außen zugänglichen Wände der Poren oder jeder kleine Kanal des porösen Sinterteiles überzieht sich mit einer festhaftenden, dünnen aber harten Schicht aus Fe_3O_4. Vorteil einer solchen Behandlung ist neben der recht guten rostschützenden Wirkung des Eisenoxydbelages die Erhöhung der Härte. Dadurch werden die Teile gegen Verschleißbeanspruchung sehr widerstandsfähig und behalten, was besonders vorteilhaft bei der Massenfabrikation präziser Formteile ist, dank der niedrigen Einsatztemperatur ihre Maßhaltigkeit.

Der Dampfbehandlungsprozeß muß in bezug auf den Rahmen dieses Berichtes näher untersucht werden, da er einmal als ein Verfahren zur Erhöhung der Härte zweckmäßig ist, und zum anderen auch sehr gut als Vergleich zu den bisherigen Ergebnissen herangezogen werden kann.

In der Fachliteratur [10], [11] ist vielfach über den Dampfbehandlungsprozeß berichtet worden. So ist festgestellt, daß, wenn sich einmal eine Schicht aus Fe_3O_4 gebildet hat, die Reaktion von selbst zum Stillstand kommt. Die Gewichtszunahme kann bei sehr porigen Werkstücken bis zu 12 % betragen. Dieser Wert erniedrigt sich mit zunehmender Dichte. Schon in verhältnismäßig niedriger Zeitspanne ist die höchste Gewichtszunahme erreicht und damit der Prozeß abgeschlossen.

In den Abbildungen 54 bis 56 wurden wie in den vorangegangenen Versuchen der Gasaufkohlung die gleichen Zerreißstäbe, hergestellt nach Tabelle 1, verwendet. Durch die Dampfbehandlung wird keine allzu hohe Härtesteigerung erreicht, so daß die Einbeziehung zusätzlicher Härteprüfmethoden unumgänglich war.

Es geht aus den Diagrammen klar hervor, daß die Härte mit zunehmender Dichte abfällt. Die Zugfestigkeit hat in allen Fällen eine stetige Zunahme; dasselbe gilt für die Dehnung mit Ausnahme des Pulvers 3, wo durch den Zusatz von 3 % Kupfer wohl die Zugfestigkeit wesentlich erhöht wird, die Dehnung jedoch eine empfindliche Einbuße erleidet (vergleiche auch die Ausgangsdiagramme, Abb. 20 bis 22). Aus der Betrachtung der Diagramme, Abbildungen 54 bis 56, können nachfolgende Schlüsse gezogen werden:

1. Je größer die Porosität, um so mehr wird sich nach innen zu Fe_3O_4 bilden können und das Gesamtgefüge härter gestalten (Abstützwirkung). Die Folge davon ist eine Erhöhung der Härte.

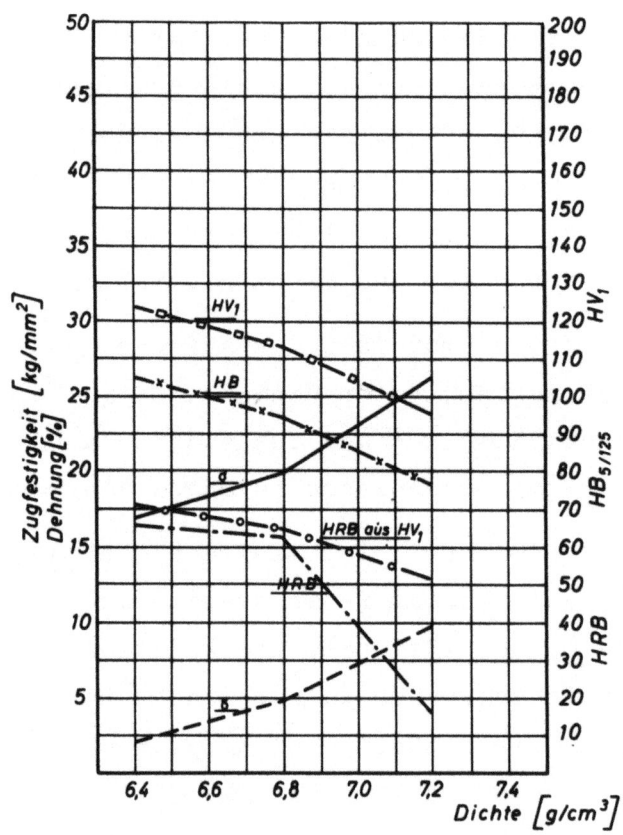

A b b i l d u n g 54
Pulver 1 Dampfbehandlung

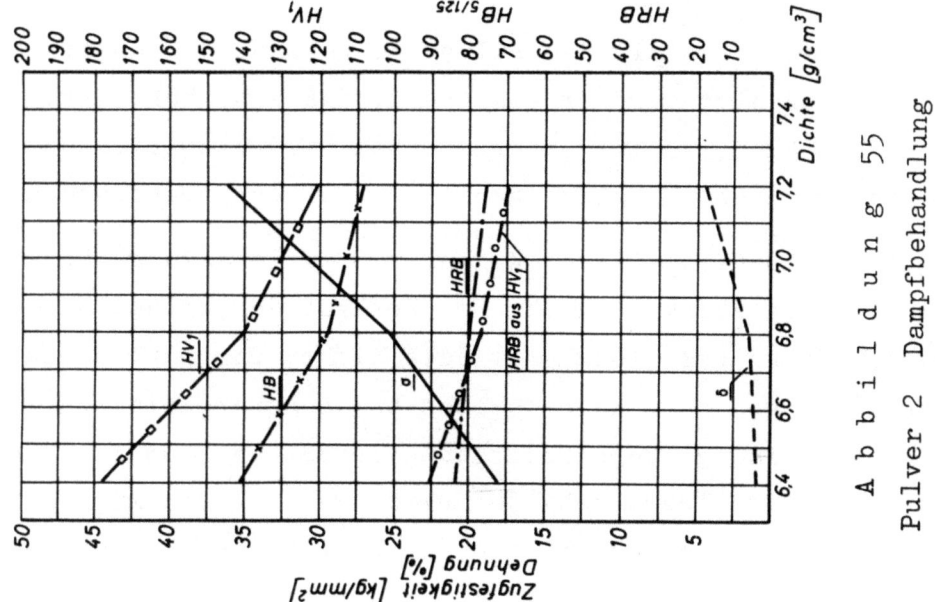

Abbildung 55
Pulver 2 Dampfbehandlung

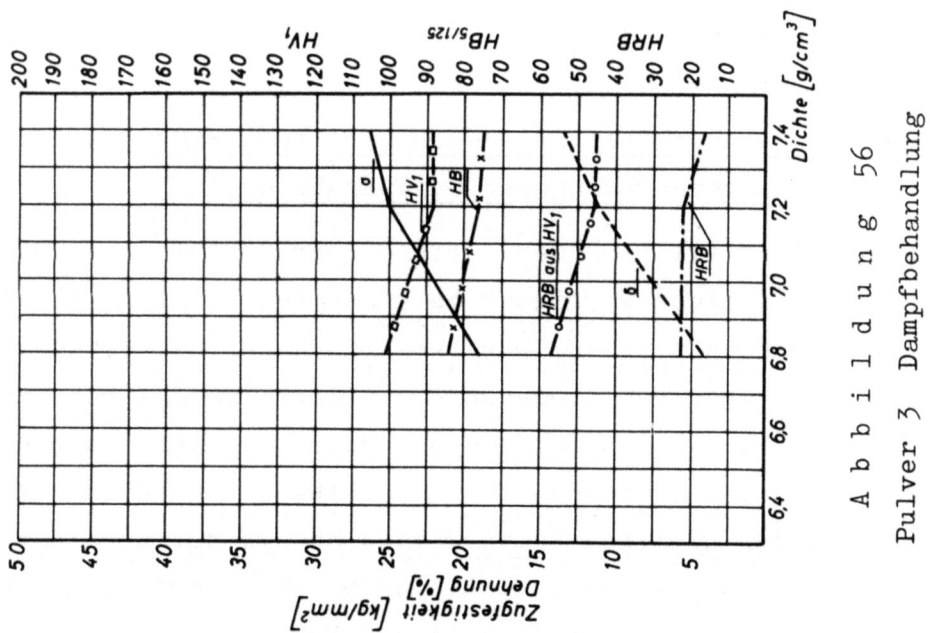

Abbildung 56
Pulver 3 Dampfbehandlung

2. Reines Elektrolyteisen (Pulver 2), Abbildung 56, ist sehr weich und feinkörnig, und da die Werte niedriger liegen als in den beiden anderen, ist die Annahme wohl richtig, daß schon beim Pressen die Oberflächen sich mehr verdichten und somit dem Dampf den Zutritt verwehren.

3. Die höchste Härte wurde mit dem Pulver 3, welches 3 % Kupfer enthält, erreicht. Man muß sich darüber klar sein, daß eine hohe Härte zwar erreicht werden kann, da dies aber nur bei niedriger Dichte der Fall ist, muß eine geringere Zugfestigkeit in Kauf genommen werden.

4. Der Verlauf der RB-Härte (1/16" Kugel, 100 kg Belastung) zeigt in Abbildung 54 einen starken Knick. Der Verlauf der Brinellhärte HB (5 mm Kugel, 125 kg Belastung) tut dies nicht, was wohl bedeutet, daß die Verwendung dieser Kugel selbst bei höherer Belastung günstiger ist, da sie eine größere Prüffläche erfaßt und somit schon bei der Messung ein Mittelwert gebildet wird. Es ist auch möglich, von vornherein zu einer Messung mit kleinen Prüflasten überzugehen, wie dies im vorliegenden Falle wiederum mit der Messung nach HV_1 getan wurde.

Die Betrachtungen des Dampfbehandlungsprozesses zeigten im Grundsätzlichen dieselben Analogien wie sie bei der Gasaufkohlung aufgetreten sind. Sie führen zu der Erkenntnis, daß wohl jedes Verfahren, welches über die Gasphase her eine Veränderung der Eigenschaften von Sinterkörpern bewirken wird, in etwa den gleichen Verhältnissen begegnet.

VIII. Bestimmung der nach dem Härten eingetretenen Maßveränderungen bei vorangegangener Gasaufkohlung

Die Frage der Maßhaltigkeit nach dem Härten interessiert um so mehr, als die pulvermetallurgische Fertigung es gestattet, Sinterformteile mit engen Toleranzen herzustellen. Zur Bestimmung der Maßveränderungen wurden nach den jeweiligen Härteversuchen die Zerreißstäbe gemessen und die Werte in Tabelle 2 in µ/mm eingetragen. Nach denselben Herstellungsbedingungen sind Zylinderbuchsen der Abmessung 10,62 ⌀ x 15,96 ⌀ x 10 mm aus den gleichen Pulvergemischen wie bei den Zerreißstäben angewandt, hergestellt worden. Die Dichte variiert über einen größeren Bereich, um so deren Einfluß auf die Maßveränderungen stärker hervorheben zu können.

Tabelle 2

Nach dem Härten eingetretene Maßveränderungen bei vorangegangener Gasaufkohlung

		Ölhärtung: Einsatztemperatur 840°C Einsatzzeit 2 h und 4 h							Wasserhärtung: Einsatztemperatur 840°C Einsatzzeit 2 h und 4 h						
Dichte [g/cm³]		6,2	6,4	6,6	6,8	7,0	7,2	7,4	6,2	6,4	6,6	6,8	7,0	7,2	7,4
Maßveränderung in µ/mm Pulver 1	2 h	+4,2	+3,6	+2,8	+0,6	±0	±0	±0	+4,8	+3,5	+3,0	+1,0	+0,5	±0	±0
	4 h	+6,8	+4,8	+3,2	+2,6	±0	±0	±0	+7,0	+5,2	+3,5	+3,0	+1,9	±0	±0
Maßveränderung in µ/mm Pulver 2	2 h	+4,3	+3,5	+1,7	+0,6	±0	±0	±0	+5,0	+3,8	+2,0	+1,7	+0,8	±0	±0
	4 h	+7,0	+5,0	+4,3	+2,8	+1,6	±0	±0	+7,5	+6,0	+5,0	+3,5	+2,8	+1,7	±0
Maßveränderung in µ/mm Pulver 3	2 h	+3,6	+2,6	+1,1	±0	±0	±0	±0	+3,9	+2,8	+1,6	+0,8	±0	±0	±0
	4 h	+7,6	+4,1	+3,0	+2,8	±0	±0	±0	+8,0	+4,4	+3,5	+3,0	+2,5	±0	±0

Der Tabelle 2 ist zu entnehmen, daß die Ölhärtung eine geringere Maßveränderung verursacht, als dies die Wasserhärtung tut. Von größerer Bedeutung ist jedoch der Einfluß der Dichte. Mit deren Zunahme wird die Maßveränderung kleiner und kommt bei 7,0 g/cm^3 fast zum Stillstand, dies um so mehr, als die Einsatzzeit von 4 h auf 2 h herabgesetzt wird.

Nach dem Härten kann z.B. die eng tolerierte Bohrung eines Sinterteiles nur dann ihre Maßhaltigkeit beibehalten, wenn die Dichte des Teiles 7,0 g/cm^3 zumindest überschreitet.

IX. Zusammenfassung

In den ersten Abschnitten des Forschungsberichtes wurden im wesentlichen die für die Härtung von Sinterteilen anwendbaren Verfahren untersucht. So konnte z.B. gezeigt werden, daß gut härtbare Sinterwerkstoffe in einfacher Weise dadurch erhalten werden, daß man dem Eisenpulver eine bestimmte Menge Kohlenstoff zumischt, um dann durch die Sinterung die Bildung des härtbaren Gefüges herbeizuführen. Das allgemein bekannte und häufig angewandte Verfahren der Gasaufkohlung mit anschließender Härtung versprach ebenfalls für gesinterte Eisenwerkstoffe eine erfolgreiche Anwendung.

Das besondere Charakteristikum eines jeden Sinterwerkstoffes ist die Dichte. In jedem Abschnitt wurde gezeigt, daß die Wahl einer bestimmten Dichte die Eigenschaften der Sinterteile wesentlich beeinflußt und auch die herkömmlichen Meßmethoden in jedem Fall der Anwendung die besondere Natur der gesinterten Werkstoffe zu berücksichtigen haben. So ist es bei der Härteprüfung nicht notwendig, eine besondere Prüfmethode anzuwenden, sondern es genügt vollkommen, bei gehärteten Oberflächen auf niedrige Prüflasten überzugehen und die HV_1- oder besser noch die $HV_{0,1}$-Prüfung durchzuführen. Die RC-Härteprüfung mit 150 kg Prüflast führt, wie die Versuche gezeigt haben, zu einer Fehlmessung, da nur eine Scheinhärte gemessen wird, welche kein wahres Bild von der wirklichen Oberflächenhärte gibt.

Aus der Betrachtung vieler Schliffbilder ist es eindeutig geworden, daß durchaus auch bei porigen Werkstoffen Einsatzschichten erreicht werden, die zwar abhängig von der Dichte sind und der Verteilung dieser über den Querschnitt folgen. So war es interessant, festzustellen, daß Sinterteile mit hoher Dichte bei schwachen Aufkohlungsbedingungen an den stark verdichteten Seitenflächen keinen nennenswerten Einsatz zeigten.

Erst durch die Erhöhung der Einsatzzeit von 2 h auf 4 h wurde ein gut ausgebildeter allseitiger Einsatz erreicht. Ebenfalls kommt der Wahl des Ausgangswerkstoffes eine besondere Beachtung zu, um schon von vornherein ein festes Grundgefüge zu bekommen. Nur so wird die harte Einsatzschicht von innen her genügend abgestützt, damit, falls es notwendig ist, von dieser hohe Oberflächenbelastungen ertragen werden können.

Die Einbeziehung der Dampfbehandlung in vorliegendem Bericht ermöglichte es, an die Versuchsergebnisse der Gasaufkohlung anzuschließen. Die bei der Dampfbehandlung von gesinterten Werkstoffen festgelegten besonderen Erkenntnisse haben im wesentlichen dazu beigetragen, die gegebenen Erfahrungen bei der Gasaufkohlung und Härtung zu bestätigen.

Da die Frage der Maßhaltigkeit nach dem Härten bei präzisen Sinterformteilen besonders interessiert, ist festzustellen, daß das Gasaufkohlungsverfahren die Möglichkeit gibt, Sinterformteile unter genügend genauer Beibehaltung der Maße zu härten, vorausgesetzt, daß die Dichte entsprechend hoch ist.

Unter besonderer Berücksichtigung der Eigenschaften von Sinterwerkstoffen ist es, wie der vorliegende Bericht zeigte, mit bestem Erfolg möglich, eine Verbesserung der Eigenschaften durch Härtung zu erreichen.

Dipl.-Ing. Helmut WEISS, Frankfurt/Main

Literaturverzeichnis

[1] STERN, G. and J. GREENBERG — Heat Treating Carburized Sintered Steel. Iron Age, 157, No. 17 (1946) S. 56

[2] DOELKER, W.J. — What you should know about Carburized Iron Powder Parts. Materials & Methods, April (1957)

[3] WIEMER, H. und W.A. FISCHER — Sinterkörper aus Eisen und Kohlenstoff. Mitteilung aus dem Kaiser-Wilhelm-Institut für Eisenforschung, Abhandlung 470

[4] WILL, G. — Eigenschaften von aufgekohlten Sinterstahlkörpern. Bericht Nr. 3 des Ausschusses für Pulvermetallurgie beim Verein Deutscher Eisenhüttenleute und beim Verein Deutscher Ingenieure

[5] WEISS, H. — Pulvermetallurgische Erzeugnisse. Industrie-Anzeiger Nr. 31/32, April (1957)

[6] RIEBENSAHM, P. — Härterei-Technische Mitteilungen, Sonderheft Gasaufkohlung (1952)

[7] ders. — Härterei-Technische Mitteilungen, Gasaufkohlung II, Bd. 9 (1954) Heft 1

[8] GEHRUNG, K. — Gasaufkohlung in Klein- und Mittelbetrieben. Das Industrieblatt, Heft 1 und 5 (1955)

[9] ders. — Neuzeitliche Wärmebehandlung (insbesondere Gasaufkohlung) von Massenteilen und Werkstücken jeder Form und Größe in Retortenöfen. Gaswärme, Heft 4 (1955)

[10]	KIEFFER, R. und W. HOTOP	Sintereisen und Sinterstahl. Springer-Verlag 1948
[11]	LENEL, F.V.	Iron Age 148, 1941, S. 29-35 und 100, 30. Okt.; u. Powder Metallurgy, Am. Soc. Met., Cleveland (Ohio) 1942), S. 512-19
[12]	HOUDREMONT, E.	Handbuch der Sonderstahlkunde. Bd. 1 u. Bd. 2, Springer-Verlag 1956
[13]	NORTON, J.T.	Trans. Amr. Inst. Min. Met. Engrs., Bd. 116 (1935) S. 386-96
[14]	ZAPF, G.	Technische Sinterwerkstoffe aus dem System Eisen-Kupfer, Bericht Nr. 26 des Ausschusses für Pulvermetallurgie, "Stahl und Eisen" 74 (1954) Heft 6, S. 338-42
[15]	GOETZEL, Cl.G.	Treatise on Powder Metallurgy, Volume I Interscience Publishers, Inc. New York und Interscience Publishers, Ltd. London
[16]	EISENKOLB, F.	Die neuere Entwicklung der Pulvermetallurgie. VEB-Verlag Technik, Berlin 1945
[17]	UNCKEL, H.	Arch. Eisenhüttenwesen 18, 1944-45, S. 125-30 und S. 161-67

FORSCHUNGSBERICHTE DES LANDES NORDRHEIN-WESTFALEN

Herausgegeben durch das Kultusministerium

HÜTTENWESEN · WERKSTOFFKUNDE

HEFT 4
Prof. Dr. E. A. Müller und Dipl.-Ing. H. Spitzer, Dortmund
Untersuchungen über die Hitzebelastung in Hüttenbetrieben
1952, 28 Seiten, 5 Abb., 1 Tabelle, DM 9,—

HEFT 48
Max-Planck-Institut für Eisenforschung, Düsseldorf
Spektrochemische Analyse der Gefügebestandteile in Stählen nach ihrer Isolierung
1953, 38 Seiten, 8 Abb., 5 Tabellen, DM 7,80

HEFT 49
Max-Planck-Institut für Eisenforschung, Düsseldorf
Untersuchungen über Ablauf der Desoxydation und die Bildung von Einschlüssen in Stählen
1953, 52 Seiten, 19 Abb., 3 Tabellen, DM 12,40

HEFT 50
Max-Planck-Institut für Eisenforschung, Düsseldorf
Flammenspektralanalytische Untersuchung der Ferritzusammensetzung in Stählen
1953, 44 Seiten, 15 Abb., 4 Tabellen, DM 8,60

HEFT 74
Max-Planck-Institut für Eisenforschung, Düsseldorf
Versuche zur Klärung des Umwandlungsverhaltens eines sonderkarbidbildenden Chromstahls
1954, 58 Seiten, 10 Abb., DM 14,—

HEFT 75
Max-Planck-Institut für Eisenforschung, Düsseldorf
Zeit-Temperatur-Umwandlungs-Schaubilder als Grundlage der Wärmebehandlung der Stähle
1954, 44 Seiten, 13 Abb., DM 8,70

HEFT 89
Verein Deutscher Ingenieure, Gleitlagerforschung, Düsseldorf und Prof. Dr.-Ing. G. Vogelpohl, Göttingen
Versuche mit Preßstoff-Lagern für Walzwerke
1954, 70 Seiten, 34 Abb., DM 14,10

HEFT 96
Dr.-Ing. P. Koch, Dortmund
Austritt von Exoelektronen aus Metalloberflächen unter Berücksichtigung der Verwendung des Effektes für die Materialprüfung
1954, 34 Seiten, 13 Abb., DM 7,—

HEFT 105
Dr.-Ing. R. Meldau, Harsewinkel/Westf.
Auswertung von Gekörn — Analysen des Musterstaubes „Flugasche Fortuna I"
1955, 42 Seiten, 14 Abb., DM 8,50

HEFT 132
Prof. Dr. W. Seith, Münster
Über Diffusionserscheinungen in festen Metallen
1955, 42 Seiten, 19 Abb., 4 Tabellen, DM 9,10

HEFT 143
Prof. Dr. F. Wever, Dr. A. Rose und Dipl.-Ing. W. Straßburg, Düsseldorf
Härtbarkeit und Umwandlungsverhalten der Stähle
1955, 50 Seiten, 12 Abb., 3 Tabellen, DM 10,70

HEFT 153
Prof. Dr. F. Wever, Dr.-Ing. W. A. Fischer und Dipl.-Ing. J. Engelbrecht, Düsseldorf
I. Die Reduktion sauerstoffhaltiger Eisenschmelzen im Hochvakuum mit Wasserstoff und Kohlenstoff
II. Einfluß geringer Sauerstoffgehalte auf das Gefüge und Alterungsverhalten von Reineisen
1955, 54 Seiten, 15 Abb., 2 Tabellen, DM 12,40

HEFT 154
Prof. Dr.-Ing. P. Bardenheuer und Dr.-Ing. W. A. Fischer, Düsseldorf
Die Verschlackung von Titan aus Stahlschmelzen im sauren und basischen Hochfrequenzofen unter verschiedenen Schlacken
1955, 36 Seiten, 10 Abb., 1 Tabelle, DM 7,95

HEFT 162
Prof. Dr. F. Wever, Prof. Dr. A. Kochendörfer und Dr.-Ing. Chr. Rohrbach, Düsseldorf
Kennzeichnung der Sprödbruchneigung von Stählen durch Messung der Fließspannung, Reißspannung und Brucheinschnürung an dreiachsig beanspruchten Proben
1955, 58 Seiten, 26 Abb., DM 13,—

HEFT 170
Prof. Dr. F. Wever, Dr. A. Rose und Dipl.-Ing. L. Rademacher, Düsseldorf
Anwendung der Umwandlungsschaubilder auf Fragen der Werkstoffauswahl beim Schweißen und Flammhärten
1955, 64 Seiten, 25 Abb., DM 13,70

HEFT 205
Dr. C. Schaarwächter, Düsseldorf
Über plastische Kupfer-Eisen-Phosphor-Legierungen
1936, 36 Seiten, 10 Abb., 10 Tabellen, DM 8,30

HEFT 227
Prof. Dr. F. Wever, Düsseldorf und Dr. W. Wepner, Köln
Untersuchung der Alterungsneigung von weichen unlegierten Stählen durch Härteprüfung bei Temperaturen bis 300 Grad C
1956, 34 Seiten, 20 Abb., 3 Tabellen, DM 7,95

HEFT 228
Prof. Dr. F. Wever, Dr. W. Koch, Düsseldorf, und Dr. B. A. Steinkopf, Dortmund
Spektrochemische Grundlagen der Analyse von Gemischen aus Kohlenmonoxyd, Wasserstoff und Stickstoff
1956, 42 Seiten, 18 Abb., 1 Tabelle, DM 9,90

HEFT 229
Prof. Dr. F. Wever, Dr. W. Koch und Dr.-Ing. H. Malissa, Düsseldorf
Über die Anwendung disubstituierter Dithiocarbamate der analytischen Chemie
1956, 44 Seiten, 30 Abb., 5 Tabellen, DM 10,50

HEFT 230
Prof. Dr. F. Wever, Düsseldorf und Dr. W. Wepner, Köln
Bestimmung kleiner Kohlenstoffgehalte im Alpha-Eisen durch Dämpfungsmessung
1956, 34 Seiten, 5 Abb., 2 Tabellen, DM 7,70

HEFT 234
Dr.-Ing. K. G. Speith und Dr.-Ing. A. Bungeroth, Duisburg
Versuche zur Steigerung des Kokillen-Schluckvermögens beim Stranggießen von Stahl
1956, 26 Seiten, 5 Abb., DM 6,15

HEFT 244
Prof. Dr. F. Wever, Dr. W. Koch und Dr. S. Eckhard, Düsseldorf
Erfahrungen mit der spektrochemischen Analyse von Gefügebestandteilen des Stahles
1956, 32 Seiten, 8 Abb., 2 Tabellen, DM 7,80

HEFT 263
Prof. Dr. H. Lange und Dipl.-Phys. R. Kohlhaas, Köln
Über die Wärmeleitfähigkeit von Stählen bei hohen Temperaturen: Teil I: Literaturbericht
1956, 48 Seiten, 26 Abb., 8 Tabellen, DM 10,70

HEFT 268
Dr.-Ing. G. Vogelpohl, Göttingen
Über die Tragfähigkeit von Gleitlagern und ihre Berechnung
1956, 76 Seiten, 24 Abb., 7 Tabellen, DM 16,85

HEFT 283
Prof. Dr. F. Wever und Dr.-Ing. W. Lueg, Düsseldorf
Warmstauchversuche zur Ermittlung der Formänderungsfestigkeit von Gesenkschmiede-Stählen
1956, 44 Seiten, 19 Abb., DM 9,90

HEFT 288
Dr. K. Brücker-Steinkuhl, Düsseldorf
Anwendung mathematisch-statistischer Verfahren in der Industrie
1956, 103 Seiten, 27 Abb., 14 Tabellen, DM 24,20

HEFT 290
Dr. D. Horstmann, Düsseldorf
I. Der verstärkte Angriff des Zinks auf Eisen im Temperaturgebiet um 500° C
II. Einfluß eines Antimongehaltes auf den Angriff von Zinkschmelzen auf Eisen
1956, 36 Seiten, 33 Abb., 3 Tabellen, DM 11,90

HEFT 291
Dr.-Ing. H. J. Wiester und Dr. D. Horstmann, Düsseldorf
Der Angriff eisengesättigter Zinkschmelzen auf silizium- und manganhaltiges Eisen
1956, 52 Seiten, 45 Abb., 8 Tabellen, DM 12,60

HEFT 311
Prof. Dr. F. Wever und Dr. M. Hempel, Düsseldorf
Dauerschwingfestigkeit von Stählen bei erhöhten Temperaturen
Teil I: Erkenntnisse aus bisherigen Dauerschwingversuchen in der Wärme
1956, 40 Seiten, 19 Abb., 2 Tabellen, DM 10,90

HEFT 312
Prof. Dr. F. Wever und Dr. M. Hempel, Düsseldorf
Dauerschwingfestigkeit von Stählen bei erhöhten Temperaturen
Teil II: Zug-Druck-Dauerschwingversuche an zwei warmfesten Stählen bei Temperaturen von 500 bis 650°
1956, 48 Seiten, 20 Abb., 3 Tabellen, DM 13,—

HEFT 313
Prof. Dr. F. Wever, Dr. W. Koch und Dipl.-Phys. H. Rohde, Düsseldorf
Änderungen des Habitus und der Gitterkonstanten des Zementits in Chromstählen bei verschiedenen Wärmebehandlungen
1956, 76 Seiten, 29 Abb., 8 Tabellen, DM 20,90

HEFT 314
Prof. Dr. F. Wever, Dr.-Ing. A. Krisch, Düsseldorf und Dr.-Ing. H.-J. Wiester, Essen
Veränderungen im Gefügeaufbau von Chrom-Nickel-Molybdän-Stählen bei langzeitiger Beanspruchung im Zeitstandversuch bei 500°
1956, 48 Seiten, 26 Abb., 5 Tabellen, DM 11,70

HEFT 315
Prof. Dr. F. Wever und Dr.-Ing. A. Krisch, Düsseldorf
Metallkundliche Untersuchungen an Zeitstandproben
1956, 38 Seiten, 12 Abb., DM 9,15

HEFT 336
Dr. Tung-ping Yao, Aachen
Die Viskosität metallischer Schmelzen
1957, 64 Seiten, 28 Abb., 2 Tabellen, DM 14,40

HEFT 342
Prof. Dr.-Ing. H. Winterhager und Dipl.-Ing. W. Barthel, Aachen
Die Gewinnung von Titanschlackenkonzentraten aus eisenreichen Ilemniten
1957, 60 Seiten, 30 Abb., 6 Tabellen, DM 13,30

HEFT 348
*Prof. Dr.-Ing. E. Piwowarsky †
und Dr.-Ing. E. G. Nickel, Aachen*
Metallurgie eines hochwertigen Gußeisens mit kompakter bis kugelförmiger Graphitausbildung
1957, 54 Seiten, 27 Abb., 5 Tabellen, DM 13,30

HEFT 349
*Dr.-Ing. W. A. Fischer, Dr.-Ing. H. Treppschuh
und Dr.-Ing. K. H. Köthemann, Düsseldorf*
Tiegel aus Schmelzmagnesia für Vakuuminduktionsöfen
1957, 34 Seiten, 14 Abb., DM 8,40

HEFT 367
Dr. rer. nat. D. Horstmann, Düsseldorf
Der Angriff eisengesättigter Zinkschmelzen auf kohlenstoff-, schwefel- und phosphorhaltiges Eisen
1957, 52 Seiten, 22 Abb., 6 Tabellen, DM 12,85

HEFT 392
Prof. Dr. phil. F. Wever, Düsseldorf, Dr. phil. W. Koch, Düsseldorf, Dr.-Ing. H. Knüppel, Dortmund, Dr. rer. nat. B. A. Steinkopf, Dortmund, Dipl.-Ing. K. E. Mayer, Dortmund und Dipl.-Phys. G. Wiethoff, Dortmund
Untersuchungen über den Konverterrauch im Hinblick auf die spektrale Überwachung des Thomasprozesses
1957, 48 Seiten, 14 Abb., 4 Tabellen, DM 12,10

HEFT 407
Prof. Dr.-Ing. H. Schenk, Aachen und Dr.-Ing. W. Wenzel, Bad Godesberg
Entwicklungsarbeiten auf dem Gebiete der Verhüttung von Erzstaub in Schmelzkammern
1957, 82 Seiten, 9 Abb., 18 Tabellen, DM 17,10

HEFT 408
Prof. Dr. phil. F. Wever, Dr.-Ing. W. Lueg und Dr.-Ing. H. G. Müller, Düsseldorf
Kraft- und Arbeitsbedarf beim Warmscheren von Stahl in Abhängigkeit von Temperatur und Schnittgeschwindigkeit
1957, 46 Seiten, 15 Abb., 3 Tabellen, DM 11,35

HEFT 409
Prof. Dr. phil. F. Wever, Dr. phil. W. Koch, Dr. rer. nat. Ch. Ilschner-Gensch und Dipl.-Phys. H. Rohde, Düsseldorf
Das Auftreten eines kubischen Nitrids in aluminiumlegierten Stählen
1957, 38 Seiten, 12 Abb., 3 Tabellen, DM 10,10

HEFT 410
Prof. Dr. phil. F. Wever, Prof. Dr. rer. techn. A. Kochendörfer, Dr. phil. nat. M. Hempel, Düsseldorf und Dipl.-Phys. E. Hillenhagen, Köln
Biegewechselversuche mit Flachproben aus Alpha-Eisen-Einkristallen zur Bestimmung der Wechselfestigkeit und der Gleitspuren
1957, 112 Seiten, 58 Abb., 3 Tabellen, DM 30,—

HEFT 455
Dr.-Ing. W. A. Fischer, Dr.-Ing. H. Treppschuh und Dipl.-Phys. K. H. Köthemann, Düsseldorf
Erschmelzung von Reineisen nach dem Kohlenstoffproduktionsverfahren und Kerbschlagzähigkeit-Temperatur-Kurven dieses Eisens
1957, 38 Seiten, 7 Abb., 6 Tabellen, DM 9,35

HEFT 456
Priv.-Doz. Dir. Dr.-Ing. K. Bungardt, Essen
Zeitstandversuche an austenitischen Stählen und Legierungen
1958, 84 Seiten, 3 Abb., 4 Tabellen, DM 19,85

HEFT 457
Prof. Dr. phil. F. Wever, Düsseldorf und Dr. phil. W. Wepner, Köln
Dämpfungsmessungen an schwach gereckten Eisen-Kohlenstoff-Legierungen
1957, 34 Seiten, 7 Abb., 3 Tabellen, DM 8,40

HEFT 458
Prof. Dr.-Ing. H. Schenck, Dr.-Ing. E. Schmidtmann, Aachen, Dr.-Ing. H. Kosmider, Dr.-Ing. H. Neuhaus und Dr.-Ing. A. Krüger, Haspe
Das Frischen von Thomas-Roheisen mit Sauerstoff-Wasserdampf-Gemischen und die Eigenschaften der damit erblasenen Stähle
1957, 62 Seiten, 56 Abb., DM 16,35

HEFT 459
Prof. Dr. phil. F. Wever, Dr. phil. O. Krisement und H. Schädler, Düsseldorf
Ein isothermes Mikrokalorimeter zur kinetischen Messung von Umwandlungs- und Ausscheidungsvorgängen in Legierungen
1957, 32 Seiten, 14 Abb., DM 10,75

HEFT 460
Prof. Dr. phil. F. Wever und Dr. rer. nat. B. Ilschner, Düsseldorf
Ein isothermes Lösungskalorimeter zur Bestimmung thermo-dynamischer Zustandsgrößen von Legierungen
1957, 32 Seiten, 7 Abb., 4 Tabellen, DM 10,40

HEFT 461
Prof. Dr.-Ing. habil. E. Piwowarsky †, Prof. Dr.-Ing. W. Patterson und Dipl.-Ing. F. W. Iske, Aachen
Verbesserung der Zähigkeitseigenschaften von Bessemer-Stahlguß
1958, 54 Seiten, 15 Abb., 16 Tabellen, DM 12,75

HEFT 492
Prof. Dr. phil. J. Meixner und Dr. B. Manz, Aachen
Zur Theorie der irreversiblen Prozesse in α-Eisen
1958, 22 Seiten, 1 Abb., DM 5,70

HEFT 519
Prof. Dr. phil. F. Wever, Dr. phil. W. Koch und Dr. phil. S. Eckhard, Düsseldorf
Die spektrographische Bestimmung der Spurenelemente in Stahl ohne vorherige Abbrennung
1958, 36 Seiten, 22 Abb., DM 12,60

HEFT 542
Dr. rer. nat. G. Zapf, Schwelm
Entwicklung eines Verfahrens zur Herstellung von Formteilen aus Sintermessing
1958, 44 Seiten, 23 Abb., 7 Tabellen

HEFT 552
Dr.-Ing. G. Leiber und Dipl.-Ing. D. Schauwinhold, Duisburg-Hamborn
Versuche zur Erzeugung halbberuhigten Stahles
1958, 28 Seiten, 23 Abb., 6 Tabellen, DM 11,30

HEFT 562
Prof. Dr.-Ing. H. Schenck, Prof. Dr. phil. habil N. G. Schmahl und Dr.-Ing. G. Funke, Aachen
Die Reduzierbarkeit von Eisenerzen
1958, 102 Seiten, 89 Abb., 10 Tabellen, DM 29,25

HEFT 573
Prof. Dr. phil. F. Wever, Dr. rer. nat. W. Jellinghaus und Dr.-Ing. T. Shuin, Düsseldorf
Gemischt-keramische Sinterwerkstoffe aus Aluminiumoxyd und Eisen oder Eisenlegierungen
1958, 76 Seiten, 39 Abb., 17 Tabellen, DM 22,65

HEFT 586
Dr.-Ing. W. A. Fischer und Dr. rer. nat. A. Hoffmann, Düsseldorf
Verhalten von Eisen- und Stahlschmelzen im Hochvakuum
19 58, 42 Seiten, 10 Abb., 13 Tabellen, DM 14,50

HEFT 597
Prof. Dr. phil. F. Wever, Dr. phil. W. Wink und Dr. rer. nat. W. Jellinghaus, Düsseldorf
Suszeptibilitätsmessungen an hochwarmfesten Legierungen auf Nickel-Chrom- und Kobalt-Nickel-Chrom-Grundlage
1958, 34 Seiten, 10 Abb., 5 Tabellen, DM 12,—

HEFT 599
Prof. Dr. phil. W. Koch und Dipl.-Phys. Dr. phil. H. Sundermann, Düsseldorf
Elektrochemische Grundlagen der Isolierung von Gefügebestandteilen in metallischen Werkstoffen
1958, 50 Seiten, 26 Abb., 1 Tabelle, DM 17,60

HEFT 600
Prof. Dr. phil. W. Koch, Dr. phil. S. Eckhard und Dr. rer. nat. F. Stricker, Düsseldorf
Die lichtelektrische Spektralanalyse der Gase im Stahl
1958, 54 Seiten, 27 Abb., 9 Tabellen, DM 15,10

HEFT 620
Dr. rer. nat. D. Horstmann, Düsseldorf
Der Einfluß von Aluminium im Eisen- und im Zinkbad auf den Zinkangriff
1958, 30 Seiten, 17 Abb., 3 Tabellen, DM 9,40

HEFT 628
Dipl.-Ing. W. Panknin und Dipl.-Ing. W. Möhrlin, Stuttgart
Die Ermittlung der Fließkurven von Schraubenwerkstoffen
1958, 20 Seiten, 8 Abb., DM 6,40

HEFT 630
Prof. Dr. phil. W. Koch und Dr. techn. Dipl.-Ing. H. Malissa, Düsseldorf
Beiträge zur Spurenanalyse im Reinsteisen
1958, 26 Seiten, 8 Tabellen, DM 7,60

HEFT 644
Prof. Dr.-Ing. F. Bollenrath, Aachen
Untersuchung einiger mechanischer Eigenschaften von Sinteraluminium S. A. P. und S. A. P.-Avional
1958, 24 Seiten, 26 Abb., DM 8,10

HEFT 697
Prof. Dr.-Ing. Th. Gast, Dr.-Ing. C. M. Frhr. v. Meysenbug und Prof. Dr.-Ing. O. Krischer, Darmstadt
Untersuchung über die Erwärmungsvorgänge bei der Verarbeitung härtbarer und thermoplastischer Kunststoffe
1959, 92 Seiten, 71 Abb., mehr. Tab., DM 26,90

HEFT 706
Prof. Dr.-Ing. Dr.-Ing. E. h. H. Schenck und Dr.-Ing. H. Esch, Aachen
Zur Untersuchung der Hochofenvorgänge
1959, 32 Seiten, 23 Abb, DM 9,90

HEFT 737
Prof. Dr.-Ing. habil. K. Krekeler, Dr.-Ing. H. Peukert und Dipl.-Ing. J. Eilers, Aachen
Festigkeitsuntersuchungen an Rohren aus Thermoplasten
1959, 66 Seiten, 84 Abb., DM 19,40

HEFT 748
Prof. Dr. phil. nat. habil. H.-E. Schwiete, Dr.-Ing. H. Knoblauch und Dr. rer. nat. G. Ziegler, Aachen
Die Hydratation der Verbindungen 3 CaO · SiO_2 und β-2 CaO · SiO_2
1959, 56 Seiten, 22 Abb., 14 Tabellen, DM 15,70

HEFT 780
Prof. Dr. phil. F. Wever, Düsseldorf
Untersuchungen von Walzölen und Walzölemulsionen im Kaltwalzversuch
1959, 68 Seiten, 28 Abb., mehr. Tab., DM 18,50

HEFT 788
Prof. Dr.-Ing. Herwart Opitz, Aachen
Der Einsatz radioaktiver Isotope bei Zerspannungsuntersuchungen
In Vorbereitung

HEFT 797
Prof. Dr. phil. H. Lange und Dr. rer. nat. R. Kohlhaas, Köln
Über die wahre spezifische Wärme von Eisen, Nickel und Chrom bei hohen Temperaturen
In Vorbereitung

HEFT 798
Dr. rer. nat K. Wassmann, M.-Gladbach
Einfluß der Schutzgasatmosphäre auf die Eigenschaften von Sinterstahl
In Vorbereitung

HEFT 799
Dipl.-Ing. H. Weiss, Frankfurt/M.
Aufkohlung und Härtung von Sintereisen-Werkstoffen

HEFT 800
Dipl.-Ing. O. Schindler, Hannover
Untersuchungen an geschweißten Hüttenkranen
In Vorbereitung

HEFT 801
Baurat Dipl.-Ing. Gesell, Duisburg
Ersatz von Quarzsand als Strahlmittel
In Vorbereitung

HEFT 833
Prof. Dr.-Ing. H. Winterhager, Dr.-Ing. D. H. Hermes, Aachen
Anodennebenreaktionen bei der Silberraffinationselektrolyse
in Vorbereitung

HEFT 834
Prof. Dr.-Ing. H. Winterhager, Dr.-Ing. K. Reiprich, Aachen
Der Glänzabbau des Reinstaluminiums in Flußsäure enthaltenden chemischen Glänzbädern
in Vorbereitung

HEFT 840
Prof. Dr. phil. F. Wever, Dr.-Ing. H. G. Müller und Dr.-Ing. P. Funke, Düsseldorf
Versuchsmäßige und rechnerische Bestimmung von Walzkraft und Drehmoment unter Einwirkung von Bandzugspannungen beim Kaltwalzen von Bandstahl
in Vorbereitung

HEFT 841
Dr. rer. nat. H. Blanck, Düsseldorf
Untersuchungen zur Kinetik des Martensitzerfalls
in Vorbereitung

Ein Gesamtverzeichnis der Forschungsberichte, die folgende Gebiete umfassen, kann bei Bedarf vom Verlag angefordert werden:

Acetylen / Schweißtechnik – Arbeitspsychologie und -wissenschaft – Bau / Steine / Erden – Bergbau – Biologie – Chemie – Eisenverarbeitende Industrie – Elektrotechnik / Optik – Fahrzeugbau / Gasmotoren – Farbe / Papier / Photographie – Fertigung – Gaswirtschaft – Hüttenwesen / Werkstoffkunde – Luftfahrt / Flugwissenschaften – Maschinenbau – Medizin / Pharmakologie / Physiologie – NE-Metalle – Physik – Schall / Ultraschall – Schiffahrt – Textiltechnik / Faserforschung / Wäschereiforschung – Turbinen – Verkehr – Wirtschaftswissenschaften.

MIX
Papier aus verantwortungsvollen Quellen
Paper from responsible sources
FSC® C105338

If you have any concerns about our products,
you can contact us on
ProductSafety@springernature.com

In case Publisher is established outside the EU,
the EU authorized representative is:
**Springer Nature Customer Service Center GmbH
Europaplatz 3, 69115 Heidelberg, Germany**

Printed by Libri Plureos GmbH
in Hamburg, Germany